新型职业农民培育系列教材

农民手机应用

刘庆帮　刘红菊　罗映秋　主编

中国林业出版社

图书在版编目(CIP)数据

农民手机应用/刘庆帮,刘红菊,罗映秋主编—
北京:中国林业出版社,2017.10 (2018.1重印)
新型职业农民培育系列教材
ISBN 978-7-5038-9294-3

Ⅰ.①农… Ⅱ.①刘…②刘…③罗… Ⅲ.移动电
话机—技术培训——教材Ⅳ.①TN929.53

中国版本图书馆 CIP 数据核字(2017)第 234312 号

出　版　中国林业出版社(100009　北京市西城区德胜门内大街刘
　　　　　海胡同 7 号)
E-mail　Lucky70021@sina.com　电话 (010)83143520
印　刷　三河市祥达印刷包装有限公司
发　行　中国林业出版社总发行
印　次　2018年　1 月第 1 版第 2 次
开　本　850mm×1168mm　1/32
印　张　8.25
字　数　280 千字
定　价　32.00 元
(凡购买本社的图书,如有缺页、倒页、脱页者,本社发行部负责调换)

《农民手机应用》

编委会

前　言

　　目前,农民手机使用度和依赖度正逐渐上涨,农民通过微信、微博、新闻客户端来了解农业信息。农业部 2015 年 11 月印发通知,计划用 3 年左右的时间,通过对农民开展手机应用技能和信息化能力的培训,提升农民对现代信息技术利用,尤其是运用手机上网发展生产、便利农民的生活和增收致富的能力。

　　强化农民的手机上网学习,有助于农业、农村信息化,城乡统筹迅速发展,让农业信息化水平迅速提高,加快农业现代化建设,促进全面建成小康社会目标的实现,才能让农民的手机发挥更大的利用价值。

编　者

目　　录

模块一　手机概述

随着智能手机在中低端市场取得重大突破以来，智能手机在我国已经普及。移动互联技术应用广泛，涉及各个行业，给人们的生活带来了极大的便捷。本章主要介绍智能手机的基本概念、智能手机的操作系统、如何下载和安装手机软件、手机软件的分类以及智能手机常用的功能等。

第一节　什么是智能手机

智能手机是指以个人电脑形式，具有独立的操作系统，独立运行空间，可以由用户自行安装软件、导航等第三方服务商提供的服务，并可以通过移动通信网络来实现无线网络接入的手机类型的总称。

虽然全世界的人们都在使用智能手机，但不是人人都了解如何正确、充分地使用它。智能手机具有优秀的操作系统，可安装各类软件，完美大屏的全触屏式操作感这三大特性，给用户带来了极大的方便。

人们可以通过语音要求智能手机找到联系人打电话；通过导航找到要去的地方；通过提供扫描外文翻译成中文为出国旅游提供方便；通过智能手机定位找到亲人或找到最便宜最好的饭店。人们可以通过智能手机交水费和电费，挂号看病，买东西；可以通过智能手机交换视频、传照片，可以通过手机请专家指导生产、改进生产方法。随着信息化产业的发展，智能手机的用途将

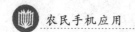

会越来越大，使用范围越来越广，因此学习和全面掌握智能手机的用途，是当下农民在生活生产中必要的一课。

智能手机与非智能手机的区别主要看能否基于系统平台的功能扩展。很多手机用户都认为可以手写输入的手机一般都是智能手机，其实不然，这两者并没有直接的因果联系。同样，功能多的手机也不见得就是智能手机。

智能手机有自身的操作系统，Android、iOS、Windows 这 3 个操作系统相对应的智能手机构成了目前智能手机 3 大阵营。

从价格上来看，智能手机的价格明显比非智能型手机高出一截。在这里提醒想购买智能手机的农民朋友注意，在购买手机之前，必须弄清楚自己需要什么类型的手机，不要被夸张的营销宣传所迷惑。

目前，全球市场上主流的智能手机有谷歌、苹果、三星、诺基亚、HTC 宏达电子等，这五大品牌在全世界广为人知，而小米、华为、OPPO、VIVO、魅族、联想、中兴、酷派、一加、金立(GIONEE)、天宇(天语)等品牌在中国备受关注。

今天中国智能手机市场，仍以个人信息管理型手机为主流，随着更多厂商的加入，整体市场的竞争已经开始呈现出分散化的态势，整个市场处于启动阶段。

第二节　智能手机的用途

从广义上说，智能手机除了通话功能外，还具备了掌上电脑的大部分功能，特别是个人信息管理以及基于无线数据通信的浏览器和收发电子邮件功能。

智能手机为用户提供了足够的屏幕尺寸和带宽，既方便随身携带，又为软件运行和内容服务提供了广阔的舞台，很多增值业务可以就此展开，如股票、新闻、天气、交通、商品、应用程序下载、音乐图片下载等。

智能手机具备掌上电脑的功能，如 PIM（个人信息管理）、日程记事、任务安排、多媒体应用、网页浏览等。

智能手机具备一个具有开放性的操作系统，在它接入无线互联网后，在这个操作系统平台上，可以安装更多的应用程序，从而使智能手机的功能可以得到无限的扩充。

一、打电话

智能手机具备普通手机的全部功能，有正常的通话、发短信等手机应用。与普通手机不同的是，智能手机可以通过语音功能来寻找联系人拨打电话，可以通过使用同一网络的联系人建立联系，拨打电话，且不用付费。

二、查资料，用导航

当智能手机安装百度软件后，用户就可以在互联网上学习新知识、新技术，了解新情况。同时，也可以通过百度掌握农业生产中许多种植、养殖等技术，当用户在生产和工作中遇到困难和问题的时候，还可以通过百度发起讨论，让广大用户一起来解决。

如果在城里，不知道准确位置，可以下载高德导航地图或百度导航地图等导航软件，然后打开定位，找到准确位置，选择公共交通、自己驾车、走路等方式。单击导航，地图直接给你设置好路线、距离和需要的时间。如果单击路况，还可以看到交通实况，自动选择不拥挤路段，帮助顺利到达目的地。

三、买东西

当智能手机安装了外卖软件，支付宝、微信等网上金融软件后，用户就可以在家里、在单位，在任何一个有网络的地方，点开"饿了么"等软件寻找离你最近、你最喜欢、价格最便宜的饭菜，支付宝支付后，一般在半小时后就会有人给你送饭吃。如果觉得饭菜不好，可以给个差评，这样这个店就会渐渐门庭冷落。

当你和家人外出游玩时，还可以通过寻找附近美食的操作，找到离你最近的饭店吃饭。

当智能手机安装了淘宝等网上购物平台软件，支付宝、微信等网上金融软件后，你就可以在淘宝网上注册账户，在淘宝的平台上进入任何一个网店购买所需要的东西。这些东西在一两天后就会送到，检查货物以后觉得满意，就单击支付宝同意支付。如果觉得不满意，可以直接退货，请送货的带回，那么就不用单击支付宝付款。

四、挂号、交水电、煤气费

当智能手机安装了支付宝、微信等网上金融软件和网上挂号平台软件后，可以在家里选择要去的医院、看你认为最好的医生，预约挂号看病。如果不知道病情需要看什么样的医生，可以通过导诊询问，请医生或专家指导挂号；还可以通过百度寻找所在的城市或者想去城市的医院，打开它们的网站，选择用户认为好的医生，单击网上挂号系统挂号，到时候就可以直接去看病了。

当智能手机安装了支付宝、微信等网上金融软件，只要打开这些软件的链接窗口，找到水、电、煤气的网上支付平台，填写水表、电表、煤气表的号码，建立自己的账户，设置密码就可以缴费（具体步骤应根据智能手机的提示操作）。

五、看电视、电影、文艺节目

当智能手机安装了带有视频节目的软件，如优酷、乐视、酷我音乐等，就可以轻松地点开你喜欢的电影、电视剧和各种各样

的节目观看。也可以寻找所有的卫视电视台观看即时的新闻节目
等。但是要记住，当观看这些节目时必须使用 WLAN，不要使用
移动无线网络，因为使用这些功能会耗费很大的流量，要支付很
高的费用。

六、传照片拍视频，请教专家指导生产

农民养殖、种植、做农活，经常会遇到一些生产上的问题，
如种植的农物出现了病虫害，养的家畜染上流行病等，可以通过
"农民信箱"手机版向专业人员请教。如果描述不清楚，还可以拍
照、拍摄视频，请专家指导解决问题。

有些问题不是马上有人能够回答的，还可以在百度百科中寻
找解决的方案。如果没有答案，还可以在百度中发起讨论，向全
世界的人们请教。

七、卖产品，上电商平台

农民生活在农村，生产了大量的农业特色产品，经常会遇到
这样的情况：农产品上市量大、时间短，如果没有一定数量的客
户来买，就意味着没有收益，损失大。

此时，可以通过在手机"农民信箱"发布"每日一助"等买卖信
息来寻找买家，或者可以在智能手机上下载一个电商平台 APP，
在电商平台上注册一个网店，就可以随时随地在网店上发布农产
品，买家可以在平台上向你购买。

如果时间紧，用户还可以在百度、微信群、朋友圈中发布消
息、照片、视频，请求大家帮助推销产品，以解燃眉之急。

八、国内游当导游，出国游当翻译

现在农村的生活好起来了，有了钱想出去走走，到没有去过
的地方旅游，很多人苦于找不到路、不了解去的地方的情况。如

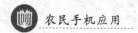

果在智能手机上下载了携程网、百度地图、高德地图等软件，这些问题就能解决了。

可以通过百度寻找自己想去的地方，通过文字、图片、视频了解那里的景点、历史文化、土特产等，做好旅游的准备。

用户既可以通过携程网寻找要去的地方，参加团队旅游，也可以通过携程网订好飞机票、火车票或船票，订好各个地方的宾馆，自己轻轻松松带着家人、朋友去玩。

用户可以通过高德地图寻找自己要去的地方，开车自驾旅游。

到了国外，如果你语言交流有困难，也可以通过智能手机安装的语言翻译软件，让外国人听手机翻译，帮助了解你需要他做的事或者需要问的问题。

如果跟着外国导游听不懂他的外文介绍，也可以经过在线翻译，或者通过智能手机来了解外国人问你的问题，手机可以架起沟通的桥梁。

九、在田间地头可以远程做家务

当你的智能手机与家中的智能电饭煲、智能洗衣机、智能空调链接在一起的时候，你可以在田间地头做家务，如可以打开电饭煲烧饭，也可以打开智能洗衣机洗衣服，等你做好农活就可以回家吃饭、晒衣服了。

如果你的智能手机与老人、小孩身上带的定位手环链接在一起，就可以通过手机随时随地观看他们在哪里，知道他们的位置。

如果你的智能手机与家里安装的智能摄像头链接在一起，就可以随时随地观看家里的老人、小孩在做什么，有没有不认识的人进入你家，可以随时随地采取必要的措施。

模块二　手机的选择与购买

第一节　手机运营商选择

一、中国移动（CMCC）

服务电话：10086

官网：http：//www. chinamobileltd. com/

中国移动通信集团公司（简称中国移动）于 2000 年 4 月 20 日成立。中国移动是一家基于 GSM、TD-SCDMA 和 TD-LTE 制试网络的移动通信运营商。产品包括全球通、动感地带、神州行、"动力 100"等。中国移动在 2013 年 12 月 18 日公布了与正邦合作设计的 4G 品牌"And! 和"，标志着中国移动 4G 业务的正式启动。

1987 年 11 月 18 日，中国移动第一个模拟蜂窝移动电话系统在广东省建成并投入商用。1995 年，GSM 数字电话网正式开通。2002 年，中国移动率先在全国范围内正式推出 GPRS 业务。2008 年，中国铁通集团有限公司并入中国移动通信集团公司，成为其全资子公司，保持相对独立运营。2008 年，铁道部与中国移动战略合作协议完成。2008 年 4 月，中国移动在全国 8 个城市开放 157 号，启动 TD-SCDMA 商用工作。2015 年，中国移动宣布，中移铁通与铁通签订收购协议。

移动 4G：4G 是第四代移动通信技术的简称。中国移动 4G

采用了 4G LTE 标准中的 TD-LTE。TD—LTE 是由中国主导的 4G 网络标准，TD-LTE 演示网理论峰值传输速率达到下行 100Mbit/s、上行 50Mbit/s。

2012 年，中国移动 4G 在广州、深圳两地启动 TD-LTE 用户体验。2013 年 10 月，中国移动获准在全国 326 个城市开展 TD-LTE 大规模试验，在 2013 年年底前，向北京、杭州、广州、深圳、青岛、南昌、南京、温州、厦门、上海、天津、沈阳、成都等城市的用户提供 4G 服务。目前已经在全国普及。

2017 年中国移动重心转向发展 5G。

二、中国电信(China Telecom)

服务电话：10000

官网：http://www.chinatelecom.com.cn/

服务号段：133、153、177、180、181、189 等。

中国电信集团公司是我国特大型国有通信企业，主要经营固定电话、移动通信、卫星通信、互联网接入及应用等综合信息服务。

中国电信集团公司，最初叫"中国电信移动通讯邮电总局"，1999 年，中国电信的寻呼、卫星和移动业务被剥离出去。2002 年 5 月，新的中国电信集团公司挂牌成立。2008 年收购中国联通 CDMA 网，中国卫通的基础电信业务并入中国电信。2009 年 1 月，中国电信获 CDMA2000 牌照。2016 年 1 月，中国电信集团公司与中国联合网络通信集团有限公司在北京举行"资源共建共享、客户服务提质"战略合作协议签约仪式。

经营产品包括以下几种。

天翼 4G：2013 年 5 月 7 日，中国电信天翼 4G 试验网络首个示范站点在南京青年奥运会组委会驻地——南京绿博园正式开通，峰值速率可达 100Mbit/s。2014 年 9 月，4G 业务在全国全面展开。2015 年 2 月 27 日，工业和信息化部向中国电信颁发了第二张 4G 业务牌照，即 FDD-LTE 牌照，中国电信进入 LTE＋CDMA 2000 协同发展时代。

天翼手机报：提供包括新闻、体育、娱乐、文化、生活和财经等新闻，用户订购了某份彩信手机报产品后，将会定期或不定期收到对应的各期报刊，每期报刊具有多个版面，一个版面内由一条或多条内容资讯组成。

189 邮箱：是中国电信针对 C 网手机用户、宽带用户提供的新一代的邮箱服务。

互联星空：是中国电信互联网应用的统一业务品牌。利用中国电信的网络、用户等资源，为用户提供影视、教育、游戏等丰富多彩的互联网内容和应用服务。具有"一点接入、全网服务"，"一点认证、全网通行"，"一点结算、全网收益"的优势和特点。

新视通：通过异地间图像、语音、数据等信息的实时交互远距离传输，实现多媒体视频会议的通信服务业务。为集团客户在不同地方的分支机构召开会议，或者集团客户对应部门间的部门会议，以及远程教学、远程培训、远程医疗、楼宇保安监控、异地调度指挥和新闻发布广播等服务。

全球眼：网络视频监控业务是由中国电信推出的一项基于宽带网的图像远程监控、传输、存储、管理的新型增值业务。

会易通：具有使用方便、功能丰富、安全灵活等特点，非常适合分布在不同地点的公司企业的例会或临时性紧急会议等。

三、中国联通

服务热线：10010

官网：http://www.chinaunicom.com.cn/

服务号段：130、131、132、145、152、155、156、155、186 等，其中 145 号段为中国联通 3G W-CDMA 无线上网卡专属

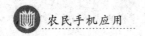

号段。

中国联通主要经营 GSM、WGDMA 和 FDD-LTE 制式移动网络业务，固定通信业务，国内、国际通信设施服务业务，卫星国际专线业务，数据通信业务，网络接入业务和各类电信增值业务，与通信信息业务相关的系统集成业务等。

中国联通拥有覆盖全国、通达世界的通信网络，积极推进固定网络和移动网络的宽带化。2009 年 1 月，中国联通获得 WCD-MA 制式的 3G 牌照。2013 年，中国联通启动 4G 设备建网，采购了 TD-LTE 基站。2014 年 3 月 18 日，中国联通宣布启动 4G 商用。拥有沃 3G、沃 4G、沃派、沃家庭等著名客户品牌。2015 年 2 月 27 日，中国联通获得 FDD-LTE 牌照。2016 年 1 月 13 日，中国电信集团公司与中国联合网络通信集团有限公司在北京举行"资源共建共享、客户服务提质"战略合作协议签约仪式。

经营产品包括以下几种。

沃品牌：分别面向个人、家庭、商务、青少年四大客户群体建立了涵盖所有创新业务、服务的五大业务板块——沃 • 3G、4G、沃 • 家庭、沃 • 商务、沃派、沃 • 服务。

116114 信息服务：向用户提供"医、食、住、行、游、购、娱"全方位的生活服务信息内容。通过信息查询、预订机票、酒店、美食、土特产、医疗挂号、法律咨询、教育导航等业务实现"一号订天下"。

沃商店：为中国联通应用软件平台。

沃友：是一种基于互联网和通信网络的跨运营商、跨平台、跨网络的免费的全方位沟通方式，集成即时通信、微博和社区功能形成统一的信息聚合业务。

第二节 智能手机的费用

一、手机的费用构成

目前人们使用智能手机一般需要支付的费用：打电话需要的费用；发短信需要的费用；上移动无线网需要的费用；如果需要在手机上看书、听书、看电视，有的网站也会收费；如果需要在网上银行转账，也需要看清楚各个银行的规定，有的银行也要收费。

当接听电话听到新鲜的铃声或歌曲时，马上会有短信告诉下载需要付费用等。

二、各类合约套餐

为了赢得用户，中国移动、中国电信和中国联通等无线网络运营商先后推出了很多不同的合约套餐，这些套餐将打电话、发短信、上网基本费用捆绑在一起，可以根据自己的使用规律购买套餐。

三、移动无线网零售门店充值

为了赢得用户，中国移动、中国电信和中国联通等无线网络运营商的零售门店先后推出了随时随地网上充值服务并提供手机充值卡。

四、进村入户服务站代充值

农业部门为了推动农村信息化的发展，在农村设立了信息进村入户服务站，这些服务站的便民服务会帮助广大农民朋友充值话费。

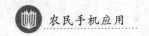

五、在智能手机上充值

在微信上关注中国移动、中国电信和中国联通的官方微信公众号，进入公众号，就有充值按钮，单击后出现各种充值栏目。用户可以选择自己需要的栏目打开充值，然后单击需要充值的金额，通过微信账户支付。

六、节约智能手机费用的办法

在家里或办公室手机使用自有 WLAN 上网不付费，或者可以购买 WLAN 网络，其资费一般远低于移动数据（中国移动、中国电信、中国联通以及其他二级网络运营商，如华数、华硕有线宽带网一般可以按年付费，安装无线路由器后发射的无线 WLAN 可以供笔记本、手机上网使用）。

当使用无线移动数据的时候，先搜索附近是否有可用的 WLAN，再打开 WLAN。上网完成了必要的项目后可关闭手机移动数据功能，关闭 WLAN。这样可以减少停止隐蔽网络软件在后台的运行消耗，减少移动数据的消耗。无线移动数据是按流量收费的。

在公共场所，或者去公司、单位，尽量使用有密码设置的无线 WLAN 上网。不要使用无密码的无线 WLAN，以保证你的手机安全。

第三节　手机硬（配）件的选择

一、显示屏

显示屏是手机的关键硬件之一，承担着输出图像的功能。

从液晶面板来分类，现在主流手机的屏幕可以分为 TN、IPS 和 AMOLED 这 3 种。其中，TN 屏幕因为可视角度过小的问题

（也就是正对着屏幕的时候看得清，斜对着屏幕就可能看不清），已经基本淡出了当今的手机世界。现在 IPS 屏幕已经成为了手机行业的主流，基本成了现在高、中、低档手机的标配，这项技术可能就是为了弥补 TN 屏的缺陷而生产的，因为这种屏幕的最大特点就是可视角度足够大（见图 2-1）。

　　AMOLED 是有机自发光二极管显示技术的英文名称，传统的屏幕技术（TN 和 IPS）在显示时，屏幕本身不发光，它主要靠屏幕背后的持续发光的发光阵列发出光亮，只不过随着屏幕的变化，背后的白光（通常是白光）穿过屏幕的时候，变成想要的颜色。这样的缺点：不论显示什么，屏幕背后都要持续的发光，但如果需要屏幕显示黑色，它还在发光，这样就造成了浪费。AMOLED 技术，就很好地弥补了这一缺点，AMOLED 屏幕可以自发光，如果需要显示黑色的内容，不发光就好了，这样就在一定程度上节省了电能（见图 2-2）。

图 2-1　可视角度足够大　　　　图 2-2　AMOLED 技术

　　AMOLED 技术主要有颜色鲜艳和省电的两大特点，三星是采用这项技术的手机厂商。

　　然而，手机屏幕发展到了今天，无论是 IPS 还是 AMOLED 技术，都足够满足用户的日常使用需求了。选择屏幕最应该看中

的两个指标，应该是屏幕尺寸和屏幕分辨率。

（一）屏幕尺寸

屏幕尺寸，手机的屏幕尺寸越大，用户看起来就越容易，然而手机屏幕过大，就会携带不便。因此，建议在购买手机之前，最好亲自查看真机的大小是否合适，避免出现类似于因为单纯喜欢大屏幕而造成手机无法放进手包或者衣袋中的尴尬。

（二）屏幕分辨率

屏幕显示的画面是由一个个像素点组合而成的，随着像素点越来越多，画面的显示也就越来越精细。等到像素点多到一定程度的时候，人眼就无法分清一个个像素点，转而产生了完整连续画面的感觉，这就是屏幕显示画面的原理。

购买手机的时候，一般而言屏幕的分辨率越大越好。市面上最常见的数值为720P（即高清屏）、1080P（即全高清屏）。有些商家或者手机厂商，喜欢用图中代表分辨率的英文单词来表示，有了这张图就可以知道这些英文单词所代表的屏幕尺寸了。

二、处理器芯片

在看手机广告的时候，最常听到的词汇就是双核、四核甚至八核，以及频率、主频这样的词（见图 2-3）。

图 2-3　处理器芯片

众所周知，手机里一定会有一块处理器芯片，前面我们已经介绍过。它负责控制整个手机的运行，主要功能就是计算。所谓的处理器频率就是处理器每秒钟计算的次数，显然这个数字越高越好，代表着处理器计算能力更强。而核心数量，粗略地讲，就是处理器可以同时计算不同任务的数量，也是越多越好，虽然这种说法不够严谨，但能比较好地说明这个问题。

推荐购买手机的一种策略，尽量买新推出的手机，而尽量不要考虑几年前的产品。另外，选择已经经过很多用户检验过的、口碑足够好的手机。例如，亲朋好友用的手机不错，或者网上查到的销量高、评价好的手机，都可以纳入选择的范围。用户实际使用中的检验，远比广告里的台词更有说服力。

购买手机之前建议咨询比较了解电子设备的亲朋好友，不过现在手机行业整体水准较高，大品牌的手机还是比较有保证的。

三、内存

内存，又称运存，也即运行内存，从字面上就能大概理解其功能。它是处理器进行计算时，程序里数据的运行空间，所以较小的内存会限制处理器的计算能力。因此，内存越大越好。在其他条件都一样的情况下，内存越大，手机卡顿的可能性就越小。目前，国产主流手机的内存大小都在 2GB 或 2GB 以上，仅从实用性来讲 1GB 其实已经可以满足日常需求，如果几百元钱买到 1GB 内存的手机，节省下来的开支也是值得的。不过同等价位下能够找到很多采用了 2GB 内存的优秀机型，推荐在可选的范围内尽量选择内存更大的机型。

四、存储空间

顾名思义，存储空间就是指手机存放数据的空间的大小，存储空间越大，可以存的东西就越多。常见的大小为 16GB、32GB、64GB，这 3 档基本就满足了绝大多数人的需求；也有超大的

农民手机应用

128GB，不过为了获得这么庞大的空间需要额外支付很多钱并不值得；也还有 8GB、4GB 大小的空间，这些不建议选用，除非手机的日常使用场景仅仅是打电话、发短信、只运行少量的软件，否则如此小的存储空间很容易捉襟见肘。现在国产手机的存储空间基本上从 16GB 起步，应对常用应用场景足够了，但如果想要用手机玩大型游戏或者下载电影观看，还是建议选择一个存储空间大一些的，如 32GB 或以上的。

五、储存卡

上面说的储存空间都是手机里内置的，还有一些手机留有储存卡卡槽，可以插入外置的储存卡。这种卡称作 Micro－SD 卡（见图 2-4），市面上有售。

图 2-4　储存卡

相比于手机里自带的存储空间，外置储存卡的价格会相对低很多。事实上，现在的很多手机厂商都在依靠同一型号手机的不同存储空间版本的差价来赚钱。对于型号相同而仅仅存储空间不同的手机，16GB 和 32GB 两个版本的差价通常在 300 元左右，甚至更多；而如果使用 16GB 大小的外置的 Micro－SD 卡，价格可以降低至 30 元，足见这里的利润之多。所以对于需要较大空间的用户来说，尽量选择支持外部存储卡的手机，从而通过购买相对廉价的 Micro-SD 卡的方式来满足存储大量音乐和电影的需求。

六、双卡双待

顾名思义，双卡双待意味着一部手机里可以装下两张电话卡，并且同时接收到两张手机卡的信号。也就是说，在一部手机上，可以选择用不同的号码打电话或者上网。在功能上相当于同时带两个手机，却省了一部手机的体积和重量，使用上也方便了许多。花一部手机的钱做两部手机的事，非常划算。

当然，也可以使用两个号码：一个用于办公，一个用于日常生活。两个号码分别和不同的人通信，就可以做到工作生活互不打扰。这也是一种利用双卡双待功能提高生活质量的方式。

如图 2-5 所示的手机就是一部支持双卡双待的手机。

图 2-5　双卡双待的手机

七、定制机

定制机是网络运营商（移动、联通或电信）和手机厂商合作，推出的特殊手机。通常定制机只能使用特定的网络运营商的手机卡，而插了其他网络运营商的手机卡的时候则不能正常使用。另外，手机里也会安装很多和运营商有关的或者是和运营商有合作关系的公司的软件，同时定制机在外表上也会有相应的运营商标志(见图 2-6)。

图 2-6　定制机

八、全网通

全网通是一个符合中国通信网络特点的技术产物，目前中国3 家网络运营商采用的 3G 和 4G 技术是不同的，一部手机可能只适合(或者最适合)一家运营商的网络。这就造成了一个问题，如果用户一直在使用移动的手机号，有一天想要换成电信的手机号，可是这个时候发现自己现在的手机只能支持移动的网络，没法接收电信的信号。这就意味着，如果一定要换成电信的手机号码，就必须更换一部适合电信网络的手机。更换手机的成本就成了更换网络服务的阻力，同时也是一种资源的浪费。

这个时候，全网通手机就体现出了它的价值。顾名思义，全网通手机，就是既能支持移动的网络，又能支持联通、电信的网络的手机，手机用户不用费心去考虑自己应该选择哪个运营商，也不用额外考虑更换网络运营商的同时更换手机的问题，这就是全网通手机的意义。如果有更换网络运营商的需求或者认为自己将来存在这种可能，那么就可以选择全网通手机；反之，如果没有这种需求，那就没有必要选择全网通手机。因为这项功能的优点，在价格上体现了出来，全网通的手机一般都比同一型号的单一网络的普通手机贵上许多。

九、贴膜

现在主流的手机保护屏主要分为磨砂膜和高透膜两种，简单介绍一下两者的区别：

(1)磨砂膜。磨砂膜比较有质感，手感比高透膜稍微涩一点，优点是使用磨砂膜不会在屏幕上留下指纹，缺点是不如高透膜清晰。

(2)高透膜。一般高透膜的透光率在 98%，贴完之后不仔细看很难发现屏幕贴过保护膜，好处是不影响屏幕本身的清晰度，缺点是使用过程容易留下指纹。

更有一些另类的诸如镜面贴膜和钻石、雪花贴膜等选择，镜面贴膜让手机在待机状态成为一面镜子，钻石和雪花等花样则可以带来更多时尚感。

不一定非得专业人士才能贴膜，也可以自己动手，如图 2-7 所示。

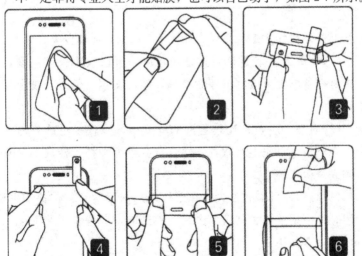

图 2-7　贴膜步骤

（1）用包装内附赠的纤维布（眼镜布也可以）擦拭屏幕，擦拭时要由一边有顺序地向另一边擦拭，不要来回擦拭，擦拭的目的是不在屏幕上留下灰尘和油污；务必彻底清洁屏幕防止贴膜时产生气泡。

（2）找到第一层膜，保护膜一般分为2层和3层两种，3层的贴膜则使用中间一层，外边两层皆为保护隔离层。

（3）将标注为1的隔离膜轻轻揭开，注意先不要全拉开。

（4）将露出的中间那层对准屏幕小心贴下去，操作过程中注意避免手或其他物品碰到中间吸附层。

（5）将吸附层对准屏幕边角，保证位置准备后，一边撕除标注为3的隔离层，一边小心抚平，操作过程中小心排除掉空气，以免留下气泡。

（6）如果有微小气泡，轻轻回拉一点，再用贴片（胶布也可以）黏掉即可。

十、外壳

手机外壳样式多种多样，如图2-8所示，简单分类介绍。

（1）袋子。一个简单的布袋或者皮袋可以解决很多问题，并且只要容量够大可以容下任意机型，经济实惠，但是美观上稍微差一点。

（2）后盖。后盖是比较普遍的样式，可以在手里的背面展现出许多风情，材质上有软胶、硬胶、金属等多种，样式上又有露出式或全包式等。

（3）翻盖。翻盖式的设计在于可以从前后两个方位保护手机，使用时可以把盖子翻到后面去完全不影响，一般来说侧翻盖比前后翻更适合使用。

（4）支架式。这种可变支架式手机套可以让手机卧躺着，用户可以不用手拿着看视频了。

图 2-8 各种手机保护套

第四节 几种常用手机故障的对策

一、显示不在服务区或者网络故障

如果无网络信号，原因可能是用户正处于地下室或建筑物中的网络盲区，或者处于网络未覆盖区。可以考虑移至其他地区接收信号。

二、电话无法接通

当位于信号较弱或接收不良的地方时，设备可能无法接收信号，可以移至其他地方后再试。

三、待机时间变短

可能是由于所在地信号较弱，手机长时间寻找信号所致，可以考虑关闭手机；也有可能是电池使用时间过长，电池使用寿命将尽，可以到手机厂商指定地点更新电池。

四、不能充电

不能充电有三种可能：一是手机充电器工作不良，可以与手机厂商指定维修商或经销商联络维修；二是环境温度不适宜，可以更换充电环境；三是接触不良，可以检查充电器插头。

五、设备未打开

可能是电池电量用尽，打开设备前，先确保电池中有充足的电量，也可能是电池未正确插入电池槽，可以尝试重新插入电池。

六、设备很热

当使用耗电量大的应用程序或长时间在设备上使用应用程序，设备摸上去就会很热。这属于正常情况，不会影响设备的使用寿命或性能。

七、照片画质比预览效果要差

照片的画质和拍照的环境有关，如果在黑暗的区域比如夜间或室内拍照，可能会出现图像模糊，也可能会使图像无法正确对焦。

第五节　智能手机的购买

一、购买智能手机的注意事项

(一)选择正确的操作系统

目前，主流的手机操作系统分别是 iOS（iPhone）、Android

和 Windows Phone，了解它们各自的特点、性能、应用支持情况、价格以及后期使用费用，挑选最适合自己的机型是十分必要的。

（二）选择正确的网络制式

一款智能手机其功能还是基于通话的主要功能，数据传输已经成为其第二功能。因此，在选择智能手机时，应考虑自己应用网络环境。目前，运营商提供 2G、3G、4G 网络，在购买前应注意手机对网络的支持情况。

（三）选择适合的套餐资费

许多智能手机销售时搭配有套餐，需要在后续使用中支付运营商费用或厂家服务费等，在购买前应详细了解。一些合约机以低廉的价格吸引购买者，但后期费用高昂。

（四）选择正规的购买渠道

一些不法商家一面以不合理的低价吸引消费者，一面销售水货、翻新机、山寨机等。经验不足的消费者很容易上当，应尽量选择正规的购买渠道，勿贪图一时的便宜。

二、网上购买智能手机

网上购买智能手机，必须到智能手机的品牌官方网站。避免购买山寨手机或者假冒伪劣手机。

三、门店购买智能手机

如果去商店购买智能手机，就应到苹果、三星、华为等品牌手机专卖店购买或者去国美、苏宁、迪信通等大卖场购买，避免购买山寨手机或者假冒伪劣手机。

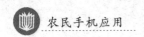

模块三　手机 APP 主要类型和下载安装

第一节　手机 APP 的主要类型

APP 是英文 Application 的简称，是指智能手机的第三方应用程序，就是安装在手机上的软件，统称"移动应用"，也称"手机客户端"或者"手机软件"。目前，市场上的手机 APP 种类多种多样，我们主要把它分为如表 3-1 所示的几种类别。

表 3-1　手机 APP 的主要类别及应用

分　类	应　用
社交应用	微信、新浪微博、QQ 空间、人人网、开心网、腾讯微博、facebook、YY 语音
地图导航	Google 地图、导航犬、凯立德导航、百度地图、谷歌地图
网购支付	淘宝、天猫、京东商城、大众点评、美团、掌上亚马逊、当当网、苏宁易购、支付宝
通话通信	手机 QQ、飞信、QQ 通信录、YY 语音：掌上宝、旺信、阿里旺旺、掌上免费电话
生活消费类	去哪儿、携程、途牛、百度旅游、大众点评、58 同城、百度外卖、百度糯米
查询工具	墨迹天气、我查查、快拍二维码、盛名列车时刻表、航班管家
拍摄美化	美图秀秀、快图浏览、3D 全景照相机、百度魔图、美人相机、磨屏漫画、照片大头贴

续表

分 类	应 用
影音播放	酷狗音乐、酷我音乐、奇艺影视、多米音乐、PPTV、优酷、QQ 音乐、暴风影音
图书阅读	iReader、Adobe 阅读器、云中书城、懒人看书、iBook、QQ 阅读、手机阅读、开卷有益
浏览器	UC 浏览器、QQ 浏览器、ES 文件浏览器
新闻资讯	搜狐新闻、网易新闻、鲜果联播、掌中新浪、中关村在线

第二节　手机 APP 的下载及安装方法

一、PC 端访问所下载软件的官方网站

从网页上下载 APP 安装包，传输到手机上，在手机端单击安装包进行安装。此方法主要应用于安卓手机用户。

案例：PC 端访问腾讯官方网站下载手机 QQ。

(1) 首先打开计算机的 IE 浏览器，在地址栏输入腾讯的软件下载网址 http：//pc. qq. com/，如图 3-1 所示。

图 3-1　浏览器中输入腾讯网址

(2) 然后在菜单栏中选择"无线产品大全"，进入软件下载页面，如图 3-2 所示。

(3) 选择要下载的软件"手机 QQ"，进入手机 QQ 下载页面，如图 3-3 所示。

(4) 单击"立即下载"，再根据手机的操作系统选择下载的软件，如果使用的是苹果手机则单击"iPhone"，如果使用的是安卓

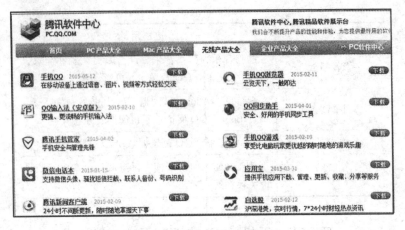

图 3-2 无线产品下载页面

的操作系统则单击"Android"。如果你的手机是其他的操作系统，单击"更多手机系统版本"，如图 3-4 所示。

用手机扫描左侧二维码，或选择适合你的手机系统下载。

图 3-3 手机 QQ 下载页面　图 3-4 根据系统选择下载软件

（5）选择下载路径，下载 APP 安装文件，如图 3-5 所示。

（6）将下载的 APP 安装文件（扩展名是 . apk）复制到手机，并单击"安装"按钮。

二、使用 PC 端助手软件

在计算机上安装手机助手软件，如安卓系统的豌豆荚、手机管家、360 手机助手等。从计算机上下载后，可以直接安装到手机。此方法不仅省去了手机流量，还使操作过程更直观方便。

案例：使用"豌豆荚"下载手机 QQ。

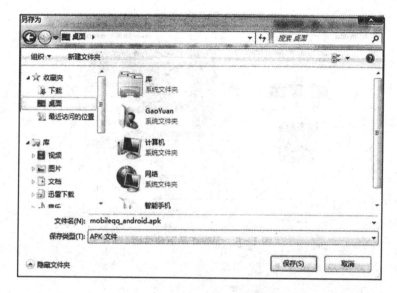

图 3-5　保存 APP 安装文件

（1）下载"豌豆荚"安装软件。首先打开浏览器，在地址栏中输入豌豆荚的官方网址 https：//www. wandoujia. com/。如图 3-6 所示，进入下载页面，如图 3-7 所示，单击"电脑版"选择保存路径，保存安装文件，如图 3-8 所示。

（2）安装"豌豆荚"电脑版。双击"豌豆荚"的安装文件。选择安装位置后单击"开始安装"，如图 3-9 所示，安装成功后单击"开始使用"，进入"豌豆荚"，如图 3-10 所示。

图 3-6　浏览器中输入豌豆荚官方网址

（3）打开"豌豆荚"，将手机通过数据线连接到计算机，如图 3-11 所示。

（4）查找应用。单击左侧的"应用"，在右侧的搜索栏中输入"QQ"，单击"搜索"，进入查询页面，如图 3-12 所示。

图 3-7 "豌豆荚"下载页面

图 3-8 保存"豌豆荚"安装文件

（5）安装应用。单击"安装"按钮后，手机 QQ 就安装完成了。

三、手机端应用市场

现在，不同品牌的手机大多已经安装了本品牌的手机应用市场（华为、小米手机的应用市场；苹果的 App Store 等）。进入手机的应用市场，搜索 APP 名称下载即可。

以使用华为手机应用市场安装手机 QQ 为例。

（1）打开应用市场。单击华为手机的"应用市场"，如图 3-13 和图 3-14 所示。

图 3-9 "豌豆荚"安装页面

图 3-10 "豌豆荚"安装完成

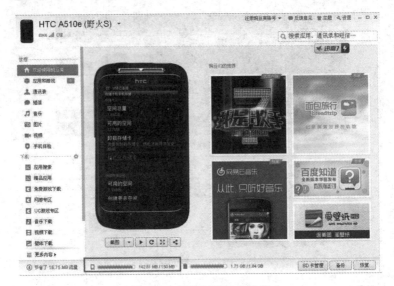

图 3-11 "豌豆荚"连接手机

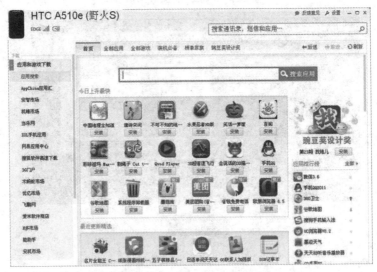

图 3-12 "豌豆荚"搜索界面

图 3-13　华为手机界面　　　　图 3-14　"应用市场"打开界面

　　(2)搜索软件。在搜索栏输入"QQ"，单击后面的搜索图标，如图 3-15 和图 3-16 所示。

　　(3)安装软件。单击 QQ 后面的"下载"按钮，安装软件，当下载进度条变成"打开"，软件安装结束，如图 3-17 所示。

四、扫描二维码

　　使用手机软件的二维码扫描工具(如我查查、微信或其他 APP)，对准所下 APP 二维码进行扫描，即可下载安装。

　　案例：以使用微信扫描安装 QQ 为例。

　　(1)打开微信，单击"发现"，如图 3-18 所示。

综合	
苏宁易购　京东金融　携程旅行　汽车大全	QQ　　　　　　　　　打开 43.1 MB 乐在沟通17年，聊天欢乐9亿人
枪战　途牛　赛车　搜狐　理财	QQ浏览器　　　　　　安装 26 MB 移动办公文件存储，管家式管理，安全无忧
租车　智联　斗地主　购物　熊出没	qq
应用	qq浏览器
直播　12306　腾讯　百度　滴滴车主	qq音乐
农业银行　小说　酷狗　哔哩哔哩	qq同步助手
工商银行　阅读　拼多多　西瓜视频	qq邮箱
游戏	qq空间
奔跑吧兄弟　单机游戏　恐龙　巴啦啦	qq阅读
钢琴块　铠甲勇士　小黄人快跑	
愤怒的小鸟　神庙逃亡　象棋　植物战僵尸	

图 3-15　搜索界面 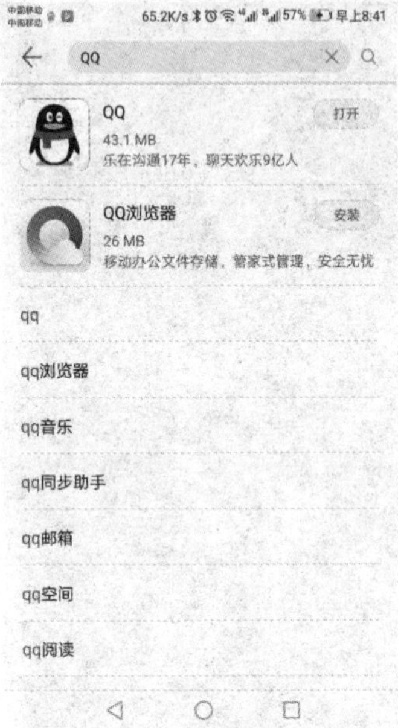　　　　　　　　　　图 3-16　搜索结果界面

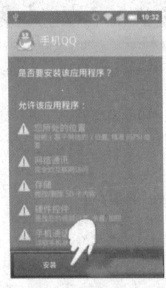

图 3-17　软件安装界面

图 3-18 打开"微信"

(2)选择"扫一扫",对准腾讯官网中的下载页面中的二维码进行扫描(见 PC 端访问腾讯官方网站来下载手机 QQ 中的前 4 步),进入下载界面,如图 3-19 和图 3-20 所示。

图 3-19 扫二维码界面　　图 3-20 QQ 下载界面

(3)下载 QQ。单击"立即下载",选择下载浏览器,单击"普通下载"保存安装文件,如图 3-21 所示。

(4)安装 QQ。单击"安装"按钮,安装手机 QQ,如图 3-22

图 3-21　下载 QQ 步骤

所示。

图 3-22　手机 QQ 的安装过程

模块四　手机的日常应用

第一节　查询信息

一、手机浏览器

我们一般通过手机浏览器来查询信息。

首先，打开手机浏览器。其次，输入关键字查询信息。

例如，通过 UC 浏览器来查询"智能家居"的基本信息。

（1）安装 UC 浏览器。我们采用手机应用市场的方法来安装，如图 4-1 所示。

图 4-1　UC 浏览器的安装

（2）打开 UC 浏览器。在搜索栏（如图 4-2）输入"农产品"并搜索。选择感兴趣的网页进行查看即可。

图 4-2　UC 浏览器搜索栏

二、取钱无忧

寻找 ATM 是一款专门找取款机的地图工具，几乎覆盖全国所有网点，并能精确找到离用户最近的 ATM。该软件比较简单，具体操作步骤如下：

（1）进入软件后，单击"ATM 列表"按钮，如图 4-3 所示。

（2）软件按照距离由近至远的顺序，显示附近的 ATM 或银行网点，单击要去的 ATM，如图 4-4 所示。

图 4-3　单击"ATM 列表"按钮　图 4-4　单击要去的 ATM

（3）即可显示 ATM 的具体位置，如图 4-5 所示。

图 4-5　查看详情

三、突发情况处理

急救手册是一款涵盖外出可能遇到的各种困难的处理指南，具体使用方法如下：

（1）进入软件后单击"户外意外急救"选项，如图 4-6 所示。

图 4-6　单击"户外意外急救"选项　　图 4-7　单击"行驶中汽油不够"选项

（2）软件会显示常见状况，单击"行驶中汽油不够"选项，如图 4-7 所示。

（3）即可显示该主题的处理方法，如图 4-8 所示。

（4）向下滑动即可查看全部内容，如图 4-9 所示。

图 4-8　处理方法　　　　图 4-9　查看全部内容

凡是有旅游经验的用户都知道，一旦发生突发情况，身处外地很可能要"挨宰"。俗话说"求人不如求己"，用户可以通过这款软件，找到比较理想的处理方法，而不必陷入"巨额加油费"、"天价药品"等陷阱。

四、扫码避免购物欺骗

购物是旅游中必不可少的环节，然而购物可能遇到的问题也最多，如假冒商品、高价商品等。特别是对于一些土特产，这些商品往往没有明确价格，完全是商家随口喊价，用户极有可能"被宰"。对此，用户可以使用"微信"自带的"扫一扫"功能，具体使用方法如下：

（1）打开软件，选择扫描"条码"或"二维码"（一般商品都是条码），再将摄像头对准商品的条码，如图 4-10 所示。

（2）扫描完毕后，软件会给出该商品信息和参考价，如图 4-11所示。

图 4-10　扫描条码　　　　　　图 4-11　扫码结果

　　用户还可以通过手机浏览器登录搜索网站，搜索某一商品的相关信息。例如，到北京旅游，当地烤鸭的价格差异很大，用户可以进入搜索网站，如百度，输入关键字并单击"百度一下"按钮，如图 4-12 所示。网页找到搜索的相关信息，用户可以查看，并作为自己购物的参考，如图 4-13 所示。

图 4-12　单击"百度一下"按钮　　　图 4-13　搜索到的相关信息

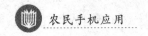

第二节 阅读电子出版物

手机看电子出版物有两种方法：一种是将电子书下载下来，放在手机内存或者 SD 卡中，使用图书阅读类的手机 APP 软件进行观看；另一种就是直接在线进行阅读。

一、使用手机阅读软件阅读

具体方法和步骤：①下载电子出版物，并保存到手机内存或 SD 卡中。②下载手机阅读软件，并安装。③阅读电子出版物。

以 iReader 爱读阅读器阅读《唐诗三百首》为例。

（1）下载《唐诗三百首》，并保存到手机。

（2）选择手机应用商城，在搜索栏中输入"iReader"进行查找，然后单击"下载"，下载并安装，如图 4-14 所示。

（a）　　　　　　　　　（b）

图 4-14 "iReader"的安装过程

（3）单击"文件管理"，单击"文档"，选择"本地"，在手机中查找刚才下载文件的位置，直接打开已下载的电子出版物进行阅读，如图 4-15 所示。

图 4-15　直接打开文件阅读

（4）打开手机阅读软件，单击"＋"，单击"本机导入"，查找手机目录，或者查看"智能导书"，选择所下载的电子出版物，单击"加入书架"，将图书导入，然后再进行阅读，如图 4-16 所示。

二、直接在线阅读

首先，打开手机浏览器，在地址栏中输入网址或直接搜索关

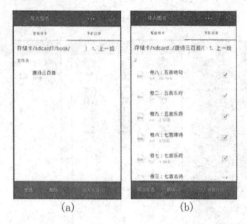

(a)　　　　　　　　　　　(b)

图 4-16　iReader 本机导入图书

键字。

其次，选择电子读物，在线阅读。

以使用 UC 浏览器在线阅读《唐诗三百首》为例。

(1)打开 UC 浏览器，在地址栏中输入"唐诗三百首"单击搜索，如图 4-17 所示。

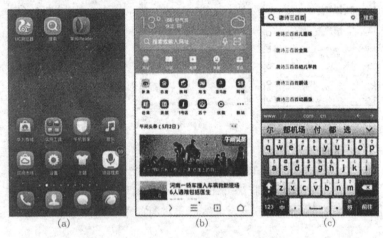

(a)　　　　　　　　(b)　　　　　　　　(c)

图 4-17　UC 浏览器搜索"唐诗三百首"

(2)在搜索结果中，选择一个合适的页面打开，在线阅读，如图 4-18 所示。

(a)　　　　　　　　(b)

图 4-18　在线阅读"唐诗三百首"

第三节　收发邮件

手机收发邮件主要有两种方式：一种是下载手机软件来收发邮件；另一种是直接在线收发邮件。

一、用手机软件收发邮件

首先，下载手机邮件软件。

其次，登录邮箱，收发邮件。

下载手机 QQ 邮箱软件，收发邮件步骤：

(1)使用手机应用市场下载 QQ 邮件手机 APP，单击手机应用市场，在搜索栏中输入"QQ 邮箱"，单击下载进行安装，如图 4-19 所示。

(2)打开手机 APP，选择登录邮箱登录。若邮箱是 QQ 邮箱，单击"QQ 邮箱"，进入登录界面，输入邮箱单击"登录"，如图 4-

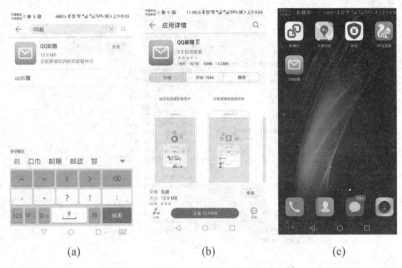

（a）　　　　　　　（b）　　　　　　　（c）

图 4-19　安装"QQ 邮箱"

20 所示。

（3）收邮件。单击"收件箱"，进入收邮件，打开邮件阅读，如图 4-21 所示。

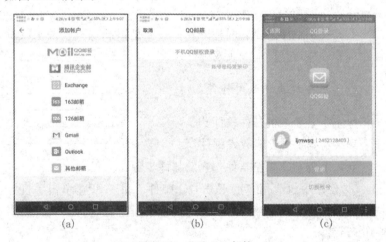

（a）　　　　　　　（b）　　　　　　　（c）

图 4-20　登录 QQ 邮箱

图 4-21 进入"收件箱"查看邮件

（4）发邮件。单击邮箱右侧的"┋"，单击"写邮件"进入发件箱，在收件人栏输入邮箱地址，在主题栏输入主题，在正文栏输入邮件正文，单击右下角的"🔗"，可以选择图片、文件等添加附件，单击"发送"即可发送邮件，如图 4-22 所示。

图 4-22 进入"写邮件"发邮件

二、在线收发邮件

首先，打开浏览器，输入邮箱网址。

其次，登录邮箱，收发邮件。

打开 UC 浏览器登录 QQ 邮箱收发邮件。

（1）打开 UC 浏览器，输入邮箱网址，进入邮箱登录界面，输入账号和密码，单击"登录"登录邮箱，如图 4-23 所示。

（a）　　　　　　　　　（b）

图 4-23　UC 浏览器登录 QQ 邮箱

（2）收邮件。单击"收件箱"，阅读邮件，如图 4-24 所示。

（3）发邮件。单击邮箱右侧的 ✒，进入写邮件界面，在收件人栏输入地址，主题栏输入邮件主题，正文栏输入邮件正文，也可以单击下侧的"上传文件"，选择照片、文件等上传附件，单击"发送"发送邮件，如图 4-25 所示。

图 4-24　"收件箱"收邮件　　图 4-25　发送邮件、使用网络社交工具

　　智能手机作为移动社交工具，突破了地域、时间的限制，让沟通变得更方便。常用的手机社交软件主要有微信、QQ。

第四节　在线娱乐、交流论坛

　　在线娱乐有很多种方式，其中，游戏、论坛都占有很大的比例。

一、游戏

　　游戏作为手机 APP 的一类重要软件，有很大的用户群体。大部分人的手机上都装有游戏。各种游戏的规则都不一样，但总体上来说，在智能手机上玩游戏主要有以下步骤：

　　第一，下载并安装游戏软件。

　　第二，注册用户，登录游戏。

　　第三，按照游戏规则玩游戏。

二、交流论坛

具体步骤：①下载并安装论坛类 APP。②注册/登录账号。③浏览帖子。④发布帖子。

在天涯社区浏览帖子的方法。

(1)下载并安装"天涯社区"。打开手机应用市场，在搜索栏输入关键字"天涯社区"，单击下载并安装，如图 4-26 所示。

(a)　　　　　　　(b)

图 4-26　下载安装"天涯社区"

(2)注册/登录账号。打开"天涯社区"，若没有账号，单击"注册"按照要求填写注册信息；若有账号，单击"登录"，如图 4-27 所示。

(3)浏览帖子。单击"论坛"，进入"天涯社区"选择感兴趣的帖子浏览，若想发表意见，可单击在底部的"一起来拍砖"，输入意见后单击"发送"，如图 4-28 所示。

(4)发表帖子。单击板块左上角的 📝，编辑帖子，单击"发表"，如图 4-29 所示。

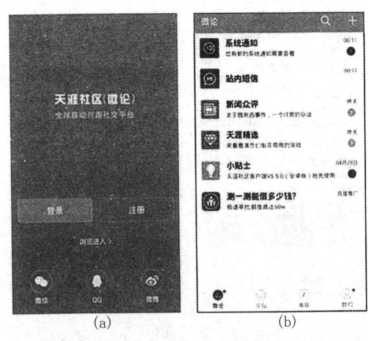

(a) (b)

图 4-27 注册/登录"天涯社区"

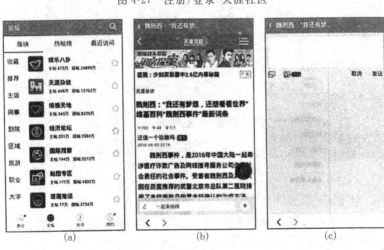

(a) (b) (c)

图 4-28 浏览回复帖子

(a)　　　　　　　　　　(b)

图 4-29　发表帖子

第五节　在线视频

智能手机看在线视频有两种方式：一种是下载手机 APP 在线观看；另一种是直接输入网址，在线观看。

一、使用手机 APP 在线观看视频

首先，下载视频软件。

其次，选择视频观看视频。

下面以"优酷在线"看视频为例。

（1）下载优酷手机 APP。打开手机应用市场，在搜索栏输入关键字"优酷"，单击下载并安装，如图 4-30 所示。

（2）选择视频。打开优酷，选择想看的视频在线观看。

二、输入网址在线观看

首先，打开浏览器。

(a)　　　　　　　　　(b)

图 4-30　下载手机优酷

其次，搜索视频，在线观看。

以搜索电视剧《琅琊榜》在线观看为例。

打开 UC 浏览器，在搜索栏输入"琅琊榜"，单击"搜索"，进入搜索结果界面，选择集数在线观看，如图 4-31 所示。

(a)　　　　　　　　　　(b)

图 4-31　在线观看视频

第六节　在线导航

智能手机可以 GPS 定位，安装了手机导航软件后，可以通过手机定位来导航。具体步骤如下：

第一，下载导航 APP 软件。

第二，设置目的地及出发地，选择导航方式。

第三，进入导航。

以使用高德地图进行导航为例。

（1）下载高德地图。打开手机应用市场，在搜索栏输入"高德地图"，单击下载并安装，如图 4-32 所示。

(a)　　　　　　　　　　(b)

图 4-32　下载并安装"高德地图"

（2）打开高德地图，在搜索栏输入目的地地址，单击"去这里"，选择出发地（若不是当前位置则重新输入出发地），选择出行方式（开车、公交或者步行），单击"开始导航"，如图 4-33 所示。

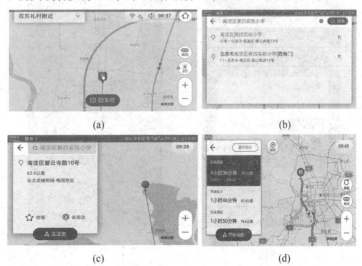

(a)　　　　　　　　　　(b)

(c)　　　　　　　　　　(d)

图 4-33　用"高德地图"进行导航

第七节　天气查询

　　如果有一款能够随时查询天气信息的手机软件，会让大家的出行更加方便。天气通就是一款不错的天气软件，支持塞班（Symbian）、安卓（Android）、iOS（iPhone、iPad）和 Windows Phone 平台。天气通不仅能随时查询天气信息，还能提供更为全面的天气服务，最关键的是费用比订阅天气预报短信要低（每日使用的流量几乎可以忽略不计）。

一、天气预报即时更新

　　传统天气预报一般是一天预告一次，而天气通是每小时更新，其预报的准确度更高。第一次进入软件的用户，系统会自动定位手机当前所处的城市，并添加到城市列表中，单击"确定"按钮即可，如图 4-34 所示。

图 4-34　单击"确定"按钮

图 4-35　天气信息

以后每次打开天气通，软件就会直接显示该城市的天气信息，如图 4-35 所示。

值得注意的是，虽然天气通只是一款天气预报软件，但用户使用时必须打开手机的定位功能。

二、穿衣指数提前掌握

天气通最大的特色之一，就是它对出行的建议、提示功能，在界面下方单击"生活"按钮即可，如图 4-36 所示。天气通会对穿衣指数、带伞指数、紫外线指数和运动指数有一个系统的评估，用户可以根据其建议提前安排自己的行程与衣着。单击其中任意按钮，即可查看该指数更为详细的信息资讯，图 4-37 为穿衣指数的信息。

图 4-36　"生活"按钮

图 4-37　穿衣指数信息

穿衣指数是根据自然环境对人体感觉温度的影响，最主要的天空状况、气温、湿度及风等气象条件，对人们适宜穿着的服装进行分级，以提醒人们根据天气变化适当着装。一般来说，温度

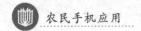

较低、风速较大，则穿衣指数级别较高。穿衣气象指数共分 8 级，指数越小，穿衣的厚度越薄。不过天气通的穿衣指数表现更为直观，直接建议用户穿什么样的衣服比较合适。

三、气温趋势一目了然

天气通也可以进行更长时间的预报，进入软件后，向下滑动屏幕即可，如图 4-38 所示。

图 4-38　天气趋势

从图 4-38 中可以看到，最高气温、最低气温的走势和天气状况一目了然，用户可以很好地根据天气趋势规划出行安排等。

四、身边实景的展示

用户可以拍摄自己身边的天气上传到天气通，供其他用户参考；也可以看看大家身边的实景。进入软件后，单击屏幕下方的"实景"按钮，如图 4-39 所示。单击任意照片即可查看详情，如图 4-40 所示。

　　需要注意的是，如果用户每天都要使用这些功能（如拍摄实景上传），也会消耗比较多的手机流量。对于在室外且没有流量数据包月的用户，其消费也是不小的。

图 4-39　单击"实景"按钮

图 4-40　查看详情

第八节　租房与求职

　　例如，"58 同城"是一款资讯类手机应用，其主要可以用来发布招聘信息、租房信息、宠物信息、二手物品交易和家政服务等。用户也可以登录手机应用查看各种类型的信息，帮助用户解决生活和工作所遇到的难题。对手机理财来说，58 同城可以很好地为用户提供生活资讯来源。

一、注册与登录

　　如果用户只是浏览信息，安装 58 同城 APP 之后即可使用。但是如果用户需要发布信息，就需要注册账号并登录。由于 58

同城的注册流程比较简单，具体步骤如下：

(1)进入 58 同城后，单击界面下方的"个人中心"图标，如图 4-41 所示。

(2)在界面上方单击"登录"按钮，如图 4-42 所示。

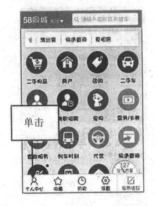

图 4-41　单击"个人中心"图标　　　　图 4-42　单击"登录"按钮

(3)58 同城允许用户使用 QQ 或新浪微博进行登录，如果用户需要注册单击界面上方的"注册"按钮，如图 4-43 所示。

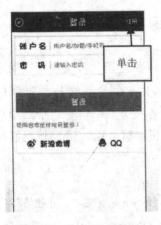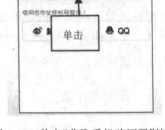

图 4-43　单击"注册"按钮　　图 4-44　单击"获取手机验证码"按钮

(4)用户可以选择"手机注册"或是"邮箱注册"(以"手机注册"为例),如图4-44所示。

(5)用户输入收到的短信验证码并设置登录密码后,单击"注册"按钮即可,如图4-45所示。

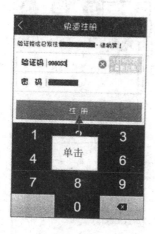

图4-45 单击"注册"按钮　　　　图4-46 手机收到信息

(6)注册完毕后,用户的手机会收到短信通知,如图4-46所示。

二、发布信息

用户登录后可以随时发布自己的信息,具体步骤如下:

(1)单击主界面下方的"发布信息"按钮,如图4-47所示。

(2)选择发布信息的类别(以"二手物品"为例),如图4-48所示。

(3)用户可以通过拍照或直接从手机相册中给交易的物品添加照片,如图4-49所示。

(4)编辑交易信息并单击"发布"按钮,如图4-50所示。

(5)选择二手物品的种类,如图4-51所示。

(6)单击"确认发布"按钮即可,如图4-52所示。

图 4-47 单击"发布信息"按钮　　图 4-48 单击"二手物品"按钮

图 4-49 添加照片　　　　　　图 4-50 单击"发布"按钮

图 4-51 选择物品种类　　　图 4-52 单击"确认发布"按钮

三、房屋租赁

用户可以在 58 同城上查看其他人发布的出租房信息，不用通过中介，可以省下中介费用，其具体步骤如下：

(1)在主界面单击"房产"按钮，如图 4-53 所示。

图 4-53 单击"房产"按钮　　　图 4-54 选择房屋类型

(2)选择需要查看房屋的类别(这里以整租房为例),如图 4-54 所示。

(3)用户可以挑选适合的信息,或附加条件选择,如图 4-55 所示。

(4)单击任意信息查看详情,且在下方有联系电话,如图 4-56 所示。

图 4-55　设置附加条件

图 4-56　信息详情

四、手机求职

58 同城的手机应用可以查看招聘信息并投递简历,其具体操作步骤如下:

(1)在主界面单击"全职招聘"或"兼职招聘"按钮,如图 4-57 所示。

(2)选择或搜索需要的职位,如图 4-58 所示。

(3)在招聘信息中挑选合适的,或附加条件再进行筛选,如图 4-59 所示。

(4)单击任意信息查看详情,用户可以直接投递简历,单击"申请职位"按钮即可,或进行电话联系,如图 4-60 所示。

图 4-57　单击"全职招聘"按钮　　图 4-58　选择职位

图 4-59　设置附加条件　　图 4-60　单击"申请职位"按钮

（5）如果用户没有简历则需要临时创建一份，进入"个人中心"→"我的招聘"创建简历，填写姓名、学历和手机号码等信息，如图 4-61 所示。

（6）简历创建后用户可以进一步完善自己的简历，之后单击

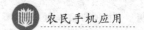
农民手机应用

"保存"按钮即可，如图 4-62 所示。

图 4-61　创建简历

图 4-62　单击"保存"按钮

第九节　旅游应用

景点通是一款旅游手机应用软件，它覆盖了观光、休闲、历史、文化等各种类型。对于旅行前没空做功课、到达景区内不知道游览路线、不愿花钱请导游的用户，这绝对是一款不应错过的省心、省时、省钱的手机应用。

一、景点攻略查看

景点通提供十分详细的景点攻略，具体查看方法如下：

(1)进入软件后，单击"全国"按钮，如图 4-63 所示。

(2)选择需要查看景点的地区，如图 4-64 所示。

许多人都抱怨旅游团看似便宜，一旦进团后却发现到处都要花钱，如景区交通(缆车、观光车等)、购物消费等。许多人抱着"来都来了，不在乎这点儿"的想法无奈掏钱，原本花几百元报的团，最后回家一算却用了几千元。那么，对于热爱旅游的用户，完全可以找一款不错的手机应用，帮助自己实现真正的自助游，在玩得更顺心的同时，还能更省钱。

图 4-63 单击"全国"按钮

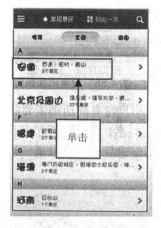

图 4-64 选择地区

（3）选择查看的景点。例如，单击"黄山"选项，如图 4-65 所示。

图 4-65 单击"黄山"选项

图 4-66 查看景点详情

（4）查看景点详情时，用户可以向上滑动手机屏幕以显示更

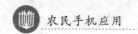

多信息，如图4-66所示。

(5)用户可以查看其他用户上传的照片或评论，如图4-67所示。

(6)其他用户的照片可以作为自己选择景点的参考，如图4-68所示。

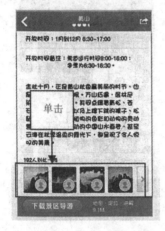

图4-67　查看其他用户评论

图4-68　其他用户的照片

二、手机景区导游

景点通有详细的景区导游功能，用户查看景区时，可以单击界面下方的"下载景区导游"按钮，如图4-69所示。等待其下载完成即可，如图4-70所示。但用户要注意，该下载会消耗用户比较多的流量，最好在有WiFi的情况下使用。

"景区导游"下载完毕后，用户即可使用景点通开始导游，其具体步骤如下：

(1)进入软件后，单击"按钮"图标，如图4-71所示。

(2)单击"我的景区"按钮，如图4-72所示。

图 4-69　单击"下载景区导游"按钮

图 4-70　等待下载完成

图 4-71　单击"按钮"图标

图 4-72　单击"我的景区"按钮

　　(3)用户所下载的"景区导游"都会保存至此,单击需要查看的景区,如图 4-73 所示。

　　(4)单击"景区导游"按钮,如图 4-74 所示。

农民手机应用

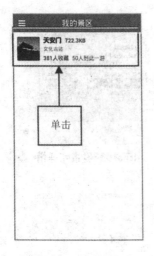

图 4-73 选择景区　　　　图 4-74 单击"景区导游"按钮

(5)进入导游功能后,主要功能包括:单击界面左下方"定位"图标可显示自己处在景区的位置;单击"＋"或"－"图标放大或缩小景区地图,如图 4-75 所示。

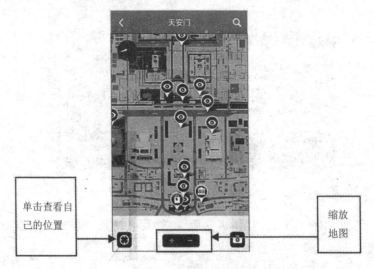

图 4-75 主要功能

068

（6）用户可以单击景区图上的数字，以显示该景点的介绍，如图 4-76 所示。

（7）单击景点介绍的"详情"图标可查看景点详情，如图 4-77 所示。

图 4-76　景点介绍

图 4-77　查看景点详情

第十节　饮食应用

俗话说"民以食为天"，没有任何人会拒绝吃得更好、更健康、更实惠的饮食指南。以下两款手机软件可以让用户在吃得好的同时，还能吃得实惠，是饮食方面不错的手机软件。

一、随身菜谱

"网上厨房"是为用户提供菜谱分享、厨艺交流的美食社区。有数十万个美食菜谱供用户查阅，并且每日都有更新和推荐的菜谱。最关键的是，这些菜谱大多属于家常菜，好吃而不贵。

进入软件后，有"最近流行"、"最新菜谱"等板块供用户查看。这里以"最新菜谱"为例，为用户讲解查看菜谱的步骤。

（1）在软件主界面单击"最新菜谱"按钮，如图 4-78 所示。

（2）系统会显示其他用户最新上传的菜式，如图 4-79 所示。

图 4-78　单击"最新菜谱"按钮

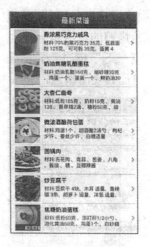

图 4-79　最新菜谱

图 4-80　查看详情

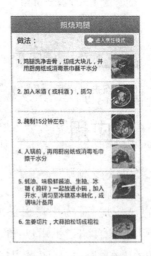

图 4-81　滑动屏幕

（3）单击任意菜谱即可查看详情，如图 4-80 所示。

（4）向上滑动手机屏幕即可查看该菜谱的原料、做法等信息，如图 4-81 所示。

　　用户也可以发表自己做的菜，在主界面上单击"发表"按钮，并按照其流程操作即可。不过发表菜谱需要注册，用户也可以使用 QQ、"腾讯微博"账号进行登录。

二、挑选餐厅

　　"食神摇摇"是一款个性化餐厅推荐软件，可以帮助用户解决"吃什么"、"去哪里吃"、"贵不贵"的难题，具体使用方法如下：

　　(1)选择"附近"、"排行"等选项，如图 4-82 所示。

　　(2)单击"附近"按钮即可显示用户周围的餐厅，如图 4-83 所示。

　　(3)单击"排行"按钮即可显示用户所在城市本周最受欢迎的餐厅，如图 4-84 所示。

　　(4)用户也可以在主界面摇一摇手机，系统会随机为用户找一家不错的餐厅，如图 4-85 所示。

图 4-82　软件主界面

图 4-83　显示周围的餐厅

图 4-84　显示本周最受欢迎的餐厅

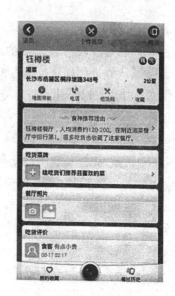

图 4-85　随机的餐厅

第十一节　网上预订

智能手机给我们的生活带来了很大的方便，不仅可以直接从网上购物，而且可以进行网上预订。比如，旅行预订、房间预订、火车票预订、送外卖等。

一、旅行预订

随着人民生活水平的提高，外出旅行逐渐成为新风尚，我们可以直接在智能手机上进行旅行行程预订。具体步骤如下：

第一，下载并安装手机 APP。

第二，注册/登录账号。

第三，搜索行程进行预订。

以使用携程预订去云南旅行为例。

（1）下载并安装携程手机 APP。打开手机应用市场，在搜索栏搜索"携程"下载并安装，如图 4-86 所示。

图 4-86　"携程旅行"的安装

（2）注册携程账号并登录。打开"携程旅行"，单击"我的携程"，单击"登录/注册"，若已有账号，直接输入账号、密码单击"登录"；若没有账号，单击右上角的"注册"，输入手机号码，按照步骤注册，如图 4-87 所示。

图 4-87　登录/注册用户

(3)查询旅游信息。单击"首页",单击"旅游",在搜索栏输入目的地或者关键字"云南"单击"搜索",如图4-88所示。

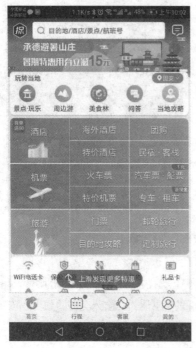

图4-88 查询旅行信息

(4)预订旅游。根据出行方式(参团、自由行等)查看旅行信息,选取路线,单击"开始预订",选择出行日期和人数,查看金额,单击"下一步",若是多人,想要每人单独房间,选择增加"单房差"下面的人数,单击"下一步,填写订单",按照订单要求,填写信息,填写完成后,单击"下一步,去支付",支付成功后,旅行预订成功,如图4-89所示。

二、房间预订

首先,查询酒店。

模块四　手机的日常应用

其次，预订房间。

在携程旅游预订一个位于北京前门附近的快捷酒店。

(1)查询酒店信息。单击"首页"，单击"酒店"，输入入住地点、入住日期、酒店类型或品牌单击查询，根据价位、居住位置选择酒店，如图4-90所示。

图4-89　预订旅游　　　　　图4-90　查询酒店信息

(2)预订房间。选择房间，单击"预订"，填写入住人信息，核对房间信息后单击"提交订单"，收到酒店确定的短信后，房间预订成功，如图4-91所示。

三、火车票预订(12306官网)

预订火车票的具体步骤：①下载并安装手机APP。②注册用户。③搜索火车票。④预订火车票。

以使用12306官网预订2017年5月21日从保定到北京的火

075

图 4-91　预订房间

车票为例。

（1）下载并安装 12306 手机 APP。打开手机应用市场，在搜索栏输入"12306"，下载并安装"铁路 12306"，如图 4-92 所示。

图 4-92　下载安装"铁路 12306"

（2）注册/登录账号。打开"铁路 12306"，单击"我的 12306"，若有账号单击"登录"，若没有账号单击"注册"，按照要求注册账号，如图 4-93 所示。

（3）预订火车票。在"车票预订"中，输入出发地、目的地，选择出发时间否，单击查询，在查询结果中选择车次，然后添加乘车人，若乘车人在列表中可以直接选择，若不在列表中，单击右上角的"添加"，按照要求填写乘客信息后单击"完成"，核对信息无误后单击"提交订单"，如图 4-94 所示。

图 4-93　注册/登录"铁路 12306"　　　图 4-94　预订火车票

（4）订单支付。提交订单后，单击"立即支付"，选择支付银行卡的银行，单击"提交支付"，输入银行卡号等信息后单击"确认支付"。支付成功后，12306 会给注册时留下的手机号码发送乘车信息，如图 4-95 所示。

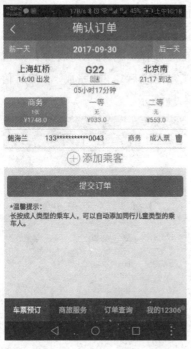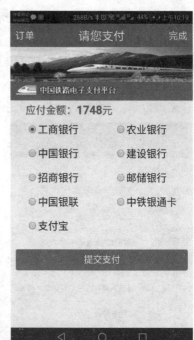

图 4-95　订单支付

四、订餐与外卖

订餐与外卖的操作步骤如下：①下载并安装手机 APP。②注册用户。③搜索美食下单。④支付订单。

下面以使用百度外卖订餐为例。

（1）下载并安装"百度外卖"手机 APP。打开手机应用市场，在搜索栏中搜索"百度外卖"，单击下载并安装，如图 4-96 所示。

（2）注册/登录用户。打开"百度外卖"，单击"我的百度"，单击"登录/注册"，若有账号可以直接登录，若没有账号可以单击"注册"或者直接使用手机号码，如图 4-97 所示。

图 4-96　下载并安装"百度外卖"

图 4-97　登录/注册用户

（3）订餐。单击"首页"，在上部的地址框中选择送货地址，单击"餐饮"，选择饭店，在饭店中选择美食，单击右侧的"＋"放入购物车，选择完成后，单击"选好了"，填写送货地址，单击"确认下单"并支付，如图 4-98 所示。

图 4-98　订餐

第十二节　掌上出行

对于出远门的朋友，还能轻松通过手机来方便订取火车票和飞机票，让我们的出行变得非常简单。接下来我们就来了解下便捷的掌上出行。

一、滴滴打车

滴滴打车软件是一款专业的打车软件，凭借其优秀的设计与应用体验入选"App Store 2013 年度精选"。"滴滴打车"改变了出租司机的等客方式，它可以让司机师傅用手机等待乘客"送上门来"；同时，更增加了乘客出门的便利，不用再在高峰时段和恶劣天气中苦苦等待。滴滴的愿景是"让车不再难打"。

（一）滴滴打车的微信服务

可以通过微信进入滴滴打车软件，也可以下载独立的 APP 到手机里。两种途径中滴滴打车的使用方法基本一致。下面主要介绍在微信中启动滴滴打车的方法。

进入微信之后，单击右下角的"我"，在之后的界面单击"我的钱包"，在我的钱包界面单击"滴滴打车"，如图 4-99 所示。

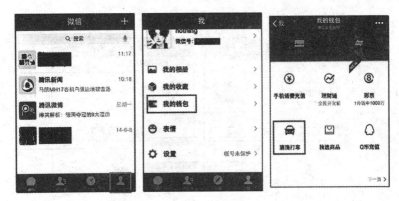

图 4-99　进入微信滴滴打车界面

（二）滴滴打车的首次登录

进入滴滴打车之后首先单击左上角的"菜单"按钮，转到登录界面，如图 4-100 所示。

在登录界面电话号码框中填写自己的手机号码，单击"验证"。60 秒内会收到一条含有验证码的短信，将验证码填入框中。然后，单击"确认"按钮，跳转到滴滴打车的主界面，登录成功，如图 4-101、图 4-102 所示。

(a)   (b)

图 4-100　进入登录界面

(a)   (b)

图 4-101　登录滴滴打车

(三)滴滴打车之马上叫车

　　登录之后，输入目的地和始发地，然后选择性添加小费，小费金额为1～20元不等，设置完毕后，单击"马上叫车"，完成了打车设置的过程，等待司机接单，如图4-103所示。

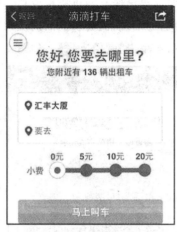

(a)

(b)

图 4-102 登录滴滴打车(续)

(a)

(b)

图 4-103 打车设置

完成打车的设置发布打车信息之后,如果临时想取消打车,单击屏幕下方的"取消叫车"。

如果已经有司机接单成功，屏幕上显示出出租车信息和距离信息，并且司机会打电话确认乘客的位置。然后上车到达目的地之后，单击"微信支付"，如图 4-104 所示。

图 4-104　发布打车信息

然后跳转到确认支付界面，在框中输入出租车计价器金额，之后单击"确认支付"，如图 4-105 所示。

然后出现微信支付方式选择对话框，选择建设银行储蓄卡，然后单击右上角的"继续"按钮，如图 4-106 所示。

最后输入微信的支付密码，支付成功，本次滴滴打车成功，如图 4-107 所示。

小提示：还不习惯使用微信支付的朋友，一样可以方便地使用滴滴打车叫出租车，支付时仍然使用现金，支付后在图 4-105 所示界面单击"我已现金支付"即可。

(四)滴滴打车的客户端

滴滴打车客户端能够提供更加专业的服务，其中最重要的就

图 4-105　微信支付

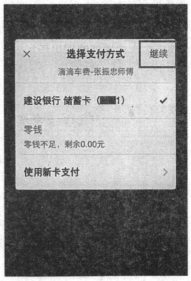

图 4-106　选择支付方式

图 4-107　支付完成

是预约打车的功能。首先单击滴滴打车客户端，如图 4-108 所示。

初次进入滴滴打车需要绑定手机。单击左上角的菜单按钮，进入绑定手机的页面，输入手机号，单击验证按钮后会收到含有验证码的短信，将验证码输入到框中，单击"开始"按钮，完成登录，并回到主界面，如图 4-109 所示。

滴滴打车客户端的"现在用车"功能和微信中滴滴打车并无差异，所以这里着重介绍预约用车的功能。

单击主界面右下角的"预约"按钮，进入预约用车设置界面，如图 4-110 所示。

在预约用车的界面，单击"什么时候出发"，出现时间选择列表，选择出发的时间，单击"确定"。之后输入始发地，目的地队及小费的金额，单击"确认"发送，如图 4-111 所示。

二、快的打车

很多习惯于使用支付宝钱包的读者可能更加喜欢快的打车这

滴滴打车 2.8.6

小桔科技

图 4-108　进入滴滴打车客户端

个应用。快的打车是杭州快智科技有限公司研发的，是中国首款便民打车的智能手机应用，也是国内最大的手机打车应用。该软件为打车乘客和出租司机量身定做，乘客可以通过 APP 快捷方便地实时打车或者预约用车，司机也可以通过 APP 安全便捷地接生意，同时通过减少空跑来增加收入。

（一）快的打车的支付宝钱包打车

如果手机中没有安装快的打车应用软件，我们可以利用支付宝钱包中的快的打车服务来快速打车，但是功能只限于直接打车，不支持预约打车。

进入支付宝钱包之后，在支付宝钱包主界面单击省略号，然后在第二页找到快的打车，如图 4-112 所示。

单击"快的打车"，在出现的界面中输入始发地和目的地，单击"开始打车"，等待司机接单，如图 4-113 所示。

乘车高峰的时候滑动屏幕左上的"加点小费"按钮调节消费的

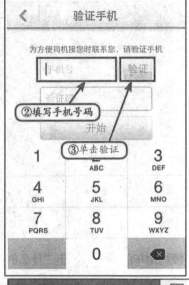

图 4-109　登录滴滴打车客户端

金额，车来得会比较及时，一般可以不使用。上车之后单击"我已上车"，如图 4-114 所示。

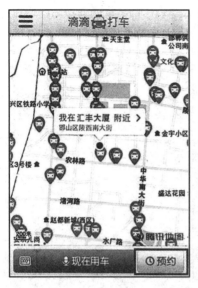
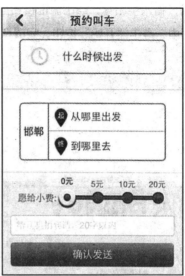

图 4-110 预约用车

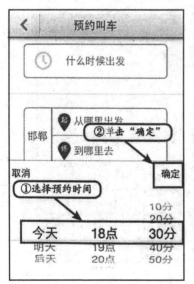

图 4-111 预约用车设置

图 4-112　支付宝钱包中的快的打车

图 4-113　开始打车

出租车到达目的地之后，在框中输入应付的车费金额，然后

图 4-114　添加小费

单击"使用支付宝付车费"按钮，转入支付界面，如图 4-115 所示。

图 4-115　支付宝支付界面

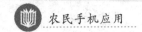

支付宝支付提供了多种支付方式，有银行卡、支付宝、余额宝等，选择适合自己的支付方式之后单击"确定"，接下来界面会跳转到此次出行的账单信息，单击完成，结束此次快的打车旅程，如图 4-116 所示。

图 4-116 确认支付

(二)快的打车的首次登录

下面介绍快的打车作为独立 APP 的使用方法。在主屏幕上找到快的打车，单击应用图标打开软件，之后会自动进入地图界面，显示当前你的位置和出租车的数量及位置信息，如图 4-117 所示。

单击右上角的一键登录，接下来填写自己的手机号码，之后单击"获取验证码"。收到验证码短信之后，在 60 秒内输入并单击"确定"按钮，如图 4-118 所示。

回到主界面之后，单击左上角目录按钮就会出现账户信息，可以查询打车记录、积分商城、通知中心，以及对软件进行设置等，如图 4-119 所示。

(三)快的打车的操作

单击图 4-119 右图上方"返回"箭头，回到快的打车的主界面，

图 4-117　打开快的打车

图 4-118　绑定快的打车

　　修改打车起点，修改之后单击"确定"，如图 4-120 所示。

　　单击"现在打车"的按钮，下一步输入目的地。现在快的打车提供了两种输入模式：文字输入和语音输入，如图 4-121 所示。

图 4-119　查询账户信息

图 4-120　设置始发点

　　文字输入或者语音输入之后，单击"确定"按钮，这样就完成了目的地的设置，然后单击"确认"打车，如图 4-122 所示。

　　小提示：在高峰期的时候可以通过滑动屏幕下方的"愿付小

图 4-121 进入目的地输入界面

图 4-122 确认打车

费"按钮调节消费的金额,车来得会比较及时,一般可以不使用,如图 4-123 所示。

图 4-123　选择小费

司机接单后，会弹出接单信息。在手机屏幕上会显示出司机的车牌号、姓氏、接单信息、好评信息等，司机一般情况下都会电话联系用户来确认位置，也可以随时拨通司机师傅的电话与之取得联系。上车后，单击"我已上车"，如图 4-124 所示。支付过程与图 4-115、图 4-116 中相同，这里不再赘述。

打车完成后，可以按照图 4-119 所示在主界面左上角单击目录按钮后到个人中心，查看订单状况，如图 4-125 所示。

（四）快的打车的预约打车

快的打车客户端同样提供了预约打车的功能，在主界面单击右下角的"预约"按钮，进入到预约打车的界面，如图 4-126 所示。

设置预定时间，单击"确认"之后，分别输入始发地和目的地，设置完毕后单击"确认"按钮，即可完成信息的发布，如图 4-127 所示。

小提示：之后系统会向司机发布预约打车的信息，高峰时段仍然可以选择小费，然后单击"确定加价"，如图 4-128 所示。

图 4-124　等待司机

图 4-125　打车记录查询

三、手机订火车票

现在旅行已成为人们生活中必不可少的一部分，通过手机订

图 4-126　预约打车界面

火车票已成为越来越多人的选择。本节详细介绍了如何通过支付宝钱包订火车票。

　　首先进入支付宝钱包的主界面，单击最下方的"服务"，跳转到服务界面，单击右上角的"添加"，如图 4-129 所示。

　　在"添加服务窗"界面，单击右上角的"分类"，出现服务分类的界面，在其中选择"交通旅行"这个类别，如图 4-130 所示。

　　在"交通旅行"里单击"支付宝 12306 公众服务"，出现这一服务的详细资料，然后单击"添加服务窗"，如图 4-131 所示。

　　添加服务成功后，单击"立即查看"，出现支付宝 12306 公众服务的主界面，最下方有信息公告、购票贴士、车票查询和交易明细 4 个选项，单击"车票查询"，如图 4-132 所示。

　　先确定出发地和目的地，然后单击"出发日期"，在右图下方出现日期选择栏，选择乘车日期，然后单击"完成"，如图 4-133 所示。

　　选好日期之后，单击"查询"，出现该日内的全部车次，如图 4-134 所示。

图 4-127　预约打车信息发布

单击如图 4-134 右图所示界面左上角的返回按钮，返回到车票查询主界面，按照车次类型查询车票，首先单击"G/D/C"，即选择所有的高铁、动车组和城际列车，然后单击"查询"，出现所有高铁的车次，选择 G211 次列车，如图 4-135 所示。

出现选择车次的详情，在界面最下方出现提示"购买请下载

图 4-128　更改小费

图 4-129　打开服务

铁路 12306 手机客户端",单击"马上下载",下载完毕就跳转到
12306 手机客户端的主界面。选择出发日期及查询的火车类型,
单击"查询",如图 4-136 所示。

图 4-130　选择服务分类

图 4-131　添加支付宝 12306 公众服务

　　小提示：直接单击 12306 手机客户端也可以进入到如图 4-136 右图所示的界面，如图 4-137 所示。

图 4-132 查看服务

图 4-133 选择日期

然后出现查询结果，选择 G211 次列车，然后跳转到 12306

图 4-134 查询全部车次

图 4-135 分类查询

手机客户端登录界面，输入用户名和密码，单击"登录"按钮，如

图 4-136　车次详情

图 4-137　12306 手机客户端

图 4-138 所示。

　　登录过后，跳转到确认订单界面，单击"添加乘客"，跳转到

 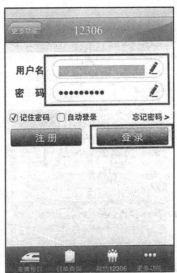

图 4-138　登录 12306 手机客户端

常用联系人界面，选择购票的联系人，然后单击右上角的"确认选择"，如图 4-139 所示。

添加乘客之后，核对购票乘客的信息，单击乘客信息中的"学生票"，出现购票乘客类型选项，选择"成人票"，单击"完成"，如图 4-140 所示。

然后填写验证码，单击"提交订单"，出现询问是否确实要提交订单的对话框，单击"确定"，提交订单成功，如图 4-141 所示。

订单提交之后，出现确认支付界面，单击"立即支付"，然后跳出询问是否确定要支付的对话框，单击"确定"，如图 4-142所示。

然后跳转到支付方式选择界面，选择支付宝支付，然后单击"提交支付"，如图 4-143 所示。

提交支付后，单击要支付的支付宝账户，默认选择使用银行卡付款，然后填写支付密码，最后单击"确认付款"，购票成功，如图 4-144 所示。

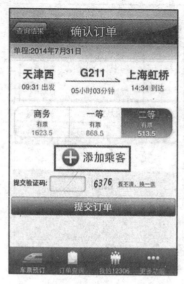

图 4-139　添加乘客

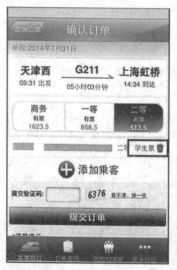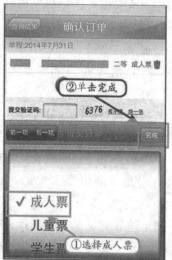

图 4-140　选择票的类型

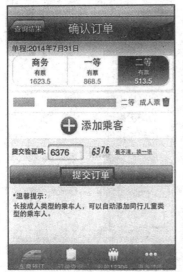

图 4-141 提交订单

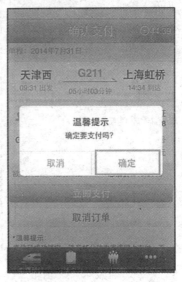

图 4-142 立即支付

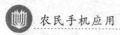
农民手机应用

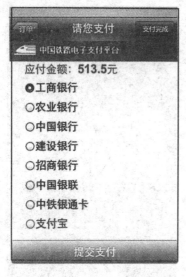 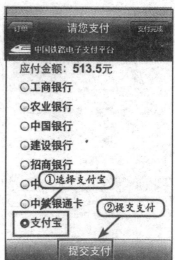

图 4-143　选择支付方式

图 4-144　确认付款

四、用手机订飞机票

现在乘飞机出行已成为越来越多人的选择，在移动互联网时代，人们可以通过智能手机随时随地订飞机票。本节详细介绍了如何通过支付宝钱包和微信订飞机票。

（一）用支付宝钱包订飞机票

首先打开支付宝钱包手机客户端，在主界面上单击"机票"，在右图出现"航班搜索"界面，输入出发地和目的地，单击订票出行的时间，如图 4-145 所示。

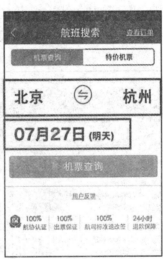

图 4-145 进入订机票界面

在日期列表中选择起飞时间，然后跳转到"航班搜索"主界面，单击"机票查询"，如图 4-146 所示。

然后出现该日期内所有的航班列表，价格是从低到高排序，单击左图所示界面中的"筛选"，出现筛选条件界面，先按起飞时段筛选，选择起飞时段为"0 点～12 点"，如图 4-147 所示。

然后单击"航空公司"，选择相应的航空公司，单击"确定"，

图 4-146　机票查询

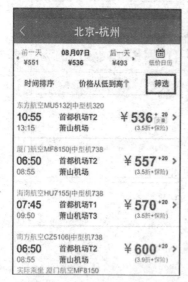

图 4-147　按起飞时段筛选

然后出现按所选条件筛选的航班列表，选择第一个东方航空

MU5132 次航班，如图 4-148 所示。

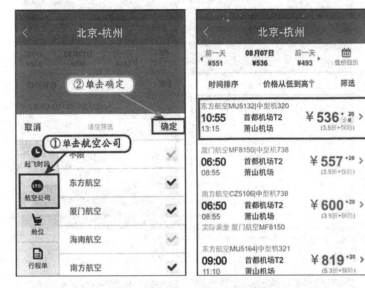

图 4-148　按航空公司筛选

　　然后出现该次航班的机票代理商列表，选择"中国东方航空旗舰店"，出现该代理商的详细信息，单击"立即预定"，如图 4-149所示。

　　然后出现订单填写界面，单击左图所示界面中的"退改签及活动说明"，出现退改签及活动规则的详细内容，看完之后单击右图所示界面左上角返回按钮，如图 4-150 所示。

　　回到订单填写主界面，单击"添加"，然后选择登机人，单击"确定"，如图 4-151 所示。

　　登机人选择完毕，填写联系人姓名及电话，然后滑动界面到最下方，出现"去付款"按钮，单击"去付款"，如图 4-152 所示。

　　然后出现支付宝支付界面，填写正确的支付密码后，单击"付款"，订票成功，如图 4-153 所示。

图 4-149　选择机票代理商

图 4-150　查看退改签及活动说明

图 4-151 选择登机人

（二）查看特价机票

支付宝钱包还有查看特价机票的功能，在图 4-145 中，单击"特价机票"，出现"特价机票"界面，单击左下角的"筛选"按钮，如图 4-154 所示。

然后出现出发城市选择界面，选择出发城市"上海"，出现从上海出发的所有特价机票信息列表，选择"上海—南京"，如图 4-155所示。

然后出现"上海—南京"的所有特价机票列表，选择相应航班，如图 4-156 所示。然后按照图 4-147～图 4-153 中介绍的方法订飞机票，这里不再赘述。

（三）用微信订飞机票

微信也在"我的钱包"频道加入了订机票的功能，进入微信，单击"我"，选择"我的钱包"。在"我的钱包"主界面，单击右下角的"下一页"，如图 4-157 所示。

农民手机应用

图 4-152　去付款

图 4-153　支付宝付款

　　然后单击"机票"图标，进入订机票主界面，填写出发城市和到达城市之后，单击"出发日期"，如图 4-158 所示。

图 4-154 查看特价机票

图 4-155 选择城市

选择出行日期，然后单击"查询"，如图 4-159 所示。

然后出现所有航班列表，单击左图所示界面右下角的"筛选"，出现筛选选择界面，先按起飞时间筛选，如图 4-160 所示。

图 4-156　特价机票列表

图 4-157　我的钱包

　　然后单击"航空公司"，选择"东方航空"，单击"确认"，出现满足条件的航班列表，选择东方航空 MU5199 次航班，如图

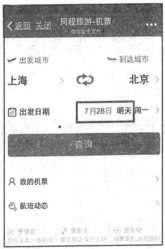

图 4-158 订机票主界面

图 4-159 选择日期

4-161所示。

　　然后选择"微信专享 4.5 折经济舱"，跳转到填写订单界面，

图 4-160　按起飞时间筛选

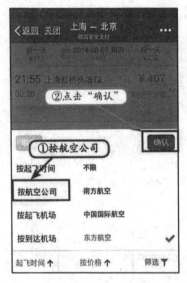

图 4-161　按航空公司筛选

单击"新增乘机人"，如图 4-162 所示。

图 4-162　填写订单

填写乘机人姓名和证件号码，单击"完成"，然后在订单界面
填写联系手机，然后单击"提交订单"，如图 4-163 所示。

图 4-163　提交订单

提交订单之后出现"微信支付"界面，单击"微信支付"，跳出选择支付方式对话选择建设银行储蓄卡，单击"继续"，如图4-164所示。

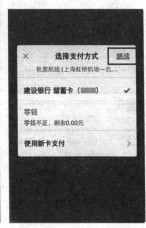

图 4-164　选择支付方式

最后输入微信支付密码，支付成功，微信订飞机票成功，如图 4-165 所示。

图 4-165　输入支付密码

第十三节　在线购物

智能手机安装了网购手机软件后，能通过网购软件直接上网采购所需物品，不用通过实物货币在线支付。本节主要介绍京东网购和淘宝网购，支付方式主要介绍采用网银支付和支付宝支付两种方式。

一、京东网购

手机京东网购操作步骤如下：①下载京东手机 APP。②注册京东账号并登录。③搜索要购买的商品加入购物车，生成订单。④订单支付（使用网银）。

以在京东商城网购一个 U 盘为例。

（1）下载并安装京东手机 APP。打开手机应用市场，在搜索栏搜索"京东"，下载并安装，如图 4-166 所示。

图 4-166　下载并安装"京东"

（2）注册京东账号并登录。打开"京东"，单击"我的京东"，单击"登录/注册"，若没有京东账号按照提示进行注册；若已经是京东用户，输入账号和密码进行登录，如图 4-167 所示。

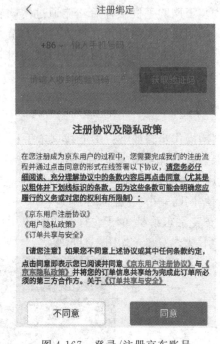

图 4-167　登录/注册京东账号

（3）搜索要购买的物品并放入购物车。在搜索栏中输入关键字"U 盘"，在搜索结果中直接选择要买的物品，或者单击"筛选"，根据自己的要求进行筛选单击"确定"，再根据筛选结果进行选择，单击"加入购物车"，如图 4-168 所示。

（4）生成订单。单击"购物车"，选择商品，单击"结算"，进入订单确认界面，填写地址，单击"立即下单"，如图 4-169 所示。

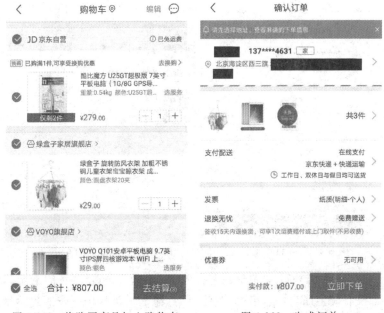

| 图 4-168　将购买商品加入购物车 | 图 4-169　生成订单 |

(5)支付订单(使用网银支付)。京东的订单支付有很多种,我们主要选择使用银行网上银行来进行支付。单击"快捷支付",将开通过网上银行的银行卡绑定支付,填写银行卡信息后,单击"绑定并支付",如图 4-170 所示。

二、淘宝网购

手机淘宝网菜青虫的操作步骤如下:①下载手机淘宝手机 APP。②注册淘宝账号并登录。③搜索要购买的商品加入购物车,生成订单。④订单支付(使用支付宝)。

以在淘宝上购买 U 盘为例。

(1)下载并安装淘宝手机 APP。在手机应用市场中搜索"淘宝",单击"下载"并安装,如图 4-171 所示。

图 4-170　订单支付　　　　　　　图 4-171　"淘宝"的安装

（2）注册并登录淘宝账号。打开"淘宝"，单击"我的淘宝"，若没有淘宝账户，单击"免费注册"，输入手机号码，按照提示来注册，如图 4-172 所示；若已经有淘宝账户，输入账号和密码单击登录，如图 4-173 所示。

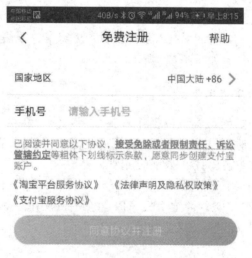

图 4-172　注册淘宝账号

（3）搜索购买商品。单击"首页"，在搜索栏输入"U 盘"，单击"搜索"，在搜索结果中选择要购买的商品，若不需要再购买其他商品单击"立即购买"，如图 4-174 所示；若还需要购买其他商品，单击"加入购物车"，然后继续购物，选择单击右上角的 进入购物车，选择最终的商品，单击"结算"，如图 4-175 所示。

图 4-173　登录淘宝

图 4-174　立即购买商品

（4）提交订单并支付。在确认订单界面中，输入收货地址，单击"提交订单"后，进入支付宝支付界面，单击"确认付款"，如图 4-176 所示。

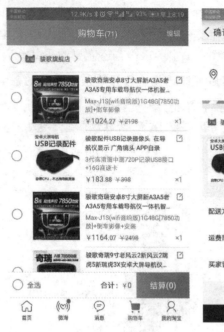

图 4-175　加入购物车购买商品

图 4-176　提交订单并支付

　　首先，下载支付宝手机 APP。打开手机应用市场，在搜索栏中搜索"支付宝"，下载并安装，如图 4-177 所示。

　　其次，注册支付宝账号。打开"支付宝"，单击任意一个按键，进入支付宝登录/注册界面。单击"没有账号？请注册"，按照步骤来进行注册，如图 4-178 所示。

图 4-177 下载并安装"支付宝"　　　图 4-178 开始使用支付宝

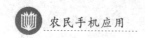

模块五　手机与农村电子商务

第一节　农村电子商务的基础知识

一、农业生产经营中电子商务的作用

我国是一个农业大国,在国际化趋势越来越明显的今天,要加强我国农业的国际竞争力,电子商务的作用不可忽视。

(1)加速农业信息的流通。家庭式小规模生产阻碍了农业信息的交流,农户一般都是靠经验来进行生产的。而电子商务的运用,使农产品供需双方可以即时沟通,方便农产品的供方依据市场情况合理定产,可以避免市场波动,降低生产风险。

(2)拓宽农产品销售渠道。我国农产品长期面临销售渠道窄、环节多、成本高等弊端,电子商务网上交易平台可以使农产品的流通规模化、组织化,还可以让供求双方直接进行交易,减少中间环节,降低交易成本。

(3)创新农产品营销模式。农产品的营销创新远远落后于工业产品。电子商务模式下,农产品可以非常有效地进行包装设计、营销创新等,谁说农产品不能高、大、上?农产品的营销一旦触碰到互联网,将是一个每年高达万亿元规模的全新蓝海。

二、电子商务在我国农村的发展情况

电子商务在农村不仅仅是工业品进村或者农产品进城,近年

来，农村电子商务的发展主要包括 4 个方面：一是将农产品通过网络销售出去，如通过开设农产品网店销售农产品；二是在农村聚集本地特色产品网销，如形成淘宝村；三是将和电子商务相关的物流、信息流、资金流、技术流聚集在农村形成县域经济延伸；四是将农民的生活用品、农资设备实现送货服务到村。

电子商务在农村正在迅速普及：一是以"新农人"为主体的农村电商创业自发兴起；二是大量网商考虑到低成本和货源因素，聚集在农村以网店为主要交易平台；三是县域电商发展如火如荼，如以"遂昌赶街模式"、"陇南模式"、"铜仁特色"为代表的农村电商模式已经成为全国的标杆并被大量借鉴与复制；四是农产品电商继续加速深入发展，国内电商平台上农产品的销售额年均增速达到 112.15%；五是电商下乡继续加速推进，如 2014 年 10 月阿里巴巴集团的"千县万村"农村电商战略计划已经在全国铺开，京东农村战略于 2015 年 5 月已经建成县级服务中心 200 个，苏宁易购服务站截至 2015 年年底建成约 1500 家，农村电子商务的模式已经开启，农民的消费新习惯正在养成。

三、农村电子商务常用平台

农村电子商务平台的作用是把农产品送出去把生活用品和农资用品引进来，因此要了解一些有影响的电子商务平台。

(1)天猫/淘宝。阿里巴巴集团打造的综合型购物网站，整合了数千家品牌商、生产商和数百万个人网店，为消费者提供各种商品的全方位搜索和购买。

(2)1688。以批发和采购业务为核心的企业级电子商务平台，能为农业企业提供原料采购、生产加工、现货批发等一系列供应服务。

(3)中国惠农网。惠农网是由农业部、中国科学院、湖南惠农科技有限公司联合推出的 B2B 网站，该平台主要以 B2B 的方式

为农村用户服务，为农产品提供采购与销售渠道。

（4）赶街网。围绕本地生活服务、电子商务、农村创业搭建的一种具有地域特色的城市农村双向供需流通平台。

（5）本来生活网。定位于"致力改善中国食品安全"的农产品生活平台，专门为老百姓提供健康安全的蔬菜水果、肉禽蛋奶、米面粮油、母婴童产品、熟食面点等基础农产品。

（6）新农邦。配合农业部的"信息进村入户工程"的"互联网＋农业"模式的农产品资源整合平台。

第二节　电子商务平台

一、综合类电商平台

国内主要的综合类电商平台有阿里巴巴集团旗下的1688平台、天猫商城＋淘宝，京东旗下的京东商城，益实多旗下的1号店，苏宁旗下的苏宁易购等。综合类电商平台通常具有资深的互联网背景、巨额的资金支持、庞大的商品库、完善的营销运作模式，在这种平台上开设店铺更容易快速获得流量和技术支持。

农产品特别是基础农产品虽然不具备电子商务的特征优势，但由于其涉及民生根本，一直以来都是电子商务领域的蓝海，所以基本上所有的综合型电商平台都会专门辟出农产品频道，甚至以主销农产品为发展方向。

（一）平台

1688是阿里巴巴集团旗下的核心平台之一，主导中国小企业的国内和国际贸易。为全球数千万销售商和供应商提供商机信息和在线交易，也是一个商业交流社区。

1688平台以大订单批发和采购业务为核心，一直致力于打通农产品的产销瓶颈。近年来，1688平台尝试针对农村战略的"产地直供"项目，利用 B2B 的优势打通上下游渠道，让农产品种植户直接对接市场一线渠道商，从而跳出中间批发环节直接议价、线上成交，最后实现"农户增收——商家降低成本——消费者受益"的良性循环。

1688 平台为入驻商家提供多种服务，通过注册或缴费即可满足商家的供货和采购需求。

（1）诚信通。诚信通是 1688 为商家推出的会员制网上贸易服务，帮助商家建立在 1688 上的网上企业商铺，通过这个网上商铺可直接宣传和销售产品。

（2）产业带。产业带聚集了上下游企业，可以帮助买家直达原产地优质货源，也可以帮助卖家降低竞争成本。

（3）伙拼。伙拼是批发型团购频道，可以让批发商以低成本进行网络批发。

（4）名企采购。名企采购是帮助采购商从寻源到支付的一站式线上阳光采购服务，有效地节约采购成本、提高采购效率。

（5）企业集采。企业集采有严格的商家认证体系，集合大商家统一议价，让平台上所有的中小采购商共同分享采购底价。

（6）商友圈。商友圈是电商社区，用于商圈采购销售的信息交流，每天超过 50 万人在线活跃。

（7）生意经。生意经是 1688 提供的问题咨询系统，每天有超过 300 万用户通过生意经沟通和解决商业难题。

（二）天猫商城

天猫商城（原为淘宝商城）是阿里巴巴集团旗下的 B2C 网站，是中国乃至世界最大的综合性购物网站，整合了上万家品牌商、生产商，为商家和消费者之间提供了一站式解决方案。其特色模式包括 100％品质保证的商品、7 天无理由退货的售后服务、购物积分返现等。

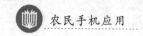

（三）淘宝网

淘宝网是阿里巴巴集团旗下知名度最高的以 C2C 为主的综合型电子商务平台，目前拥有近 5 亿注册用户，每天有超过 1 亿的访客流量，每天在线商品数超过 10 亿件，平均每分钟售出 5 万多件商品。

随着淘宝网规模的扩大和用户数量的增加，淘宝也从单一的 C2C 网络集市变成了包括 C2C、团购、分销、拍卖等多种电子商务模式在内的综合性零售商圈。其中，所有商品类别里又以农产品最为吸引人，但困难也最大，这源于农产品本身附加值低和物流成本高的原因，但也证明农产品进驻淘宝必将是整个淘宝网的重要战略方向。

（四）京东商城

京东商城是中国最大的自营式电商平台，拥有特色的京东支付、京东云、JIMI 机器人等技术，并且布局了庞大的自建物流体系，211 限时达、极速达、次日达、夜间配、自提柜等特色物流模式，为农产品电商最大的难题——配送提供了更完善的解决方案。

京东自 2012 年开始涉足农产品电商，目前探索出几种特色模式并取得了一定成功。

(1)联手农产品批发市场。与线下的农产品批发市场合作。2013 年 11 月，京东与北京新发地农产品批发市场合作，联手建立了"菜篮子"模式，建立新发地京东官方旗舰店。批发市场的展示、交易功能都可以在网上进行，只有线下交割这个功能保留在批发市场，极大地降低了批发市场的用地成本，实现了农产品电商与农产品批发市场之间的互补。

(2)上线特色馆。就是把市、县一级的地方特色馆推上线，地方特色馆里既有生鲜、特色蔬果，也包括一些特色手工艺品等。如今已有威海市文登区政府、青岛市网商协会等县（区）表示出浓厚的兴趣，大家都很清楚特色馆带来的品牌效应和唯一性是最具生命力的。

（3）基地鲜活直采。联手大型农业集团进行鲜活直采，依托京东自建物流的优势布局城市终端配送，将鲜活农产品进行产地直发或直供。这种模式让獐子岛的水产品、阳澄湖的大闸蟹等鲜活产品的销量大大增长。此外，新疆阿克苏、河北高碑店、山东烟台、海南文昌等地都合作建立了有机农产品直供基地。

电商平台已做好嫁衣，上游的农产品供应商更应着力打造优质的农业生产基地和特色地理标志认证产品，一起迎接农产品电子商务的黄金时代。

（4）互联网定制私人农场。食品安全压力日益增大，与全国各地蔬果基地建立合作关系，让消费者认领土地"当地主"，基地负责平时的种植养护，消费者不但可以享受电商平台的定期宅配，也可以在周末或节假日与家人去地里当一回"农夫"，一种新的开心农场模式正在慢慢兴起。

（五）1号店

1号店（见图5-1）开创了中国电子商务行业"网上超市"的先河，在食品饮料尤其是进口食品方面，牢牢占据中国B2C电商行业第一的市场份额，很多人习惯在1号店购买进口食品。

2013年，1号店与吉林省通榆县签订原产地直销战略合作协议，国内首个县级政府主导的县域优选农产品通过电商渠道销售到全国各地。同年，1号店以广东为起点，利用送货上门、货到付款、品类丰富以及商品直降、满减、免费领等优势，开始了自营生鲜产品全国覆盖的战略。

1号店的特色项目"1号果园"采取了直达果园、农场的直采方式，电商平台亲自扛起检验责任，保证直接采摘的水果必须经过严格的质检后才能进入仓库。

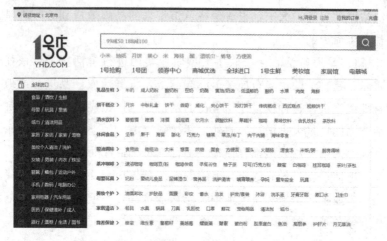

图 5-1　1 号店

二、农产品专业电商平台

除综合型电商平台外，国内由政府主导或部分企业合作开发了一些较完善的专业型农业电商平台，其中比较知名的有中国惠农网和中粮我买网等。

（一）中国惠农网

中国惠农网（http：//www. cnhnb. com/）网站包含果蔬种植、养殖水产、园林园艺、副食特产、农资供应五大类，涵盖了各品类的农产品。网站平台上可以免费开设商铺，也为农产品的求购信息提供了平台。网站同时还及时发布农业部提供的全国农产品市场行情、最新的农业政策和新闻，并有农业专家为广大农户解决农业生产技术方面的问题。中国惠农网还发布了手机版，可以通过手机随时随地了解相关的农业新闻和农产品供求信息。

除了中国惠农网，惠农科技还开发了惠农宝和店家亲两个适合智能手机移动端的特色产品。

（1）惠农宝。惠农宝是由中国惠农网推出的移动智能终端应用，农户通过手机下载后可以随时随地查看行业信息、关注市场动态、了解交易进展。通过惠农宝可以一键发送农业和生产供求信息，购买种子、农药、化肥，咨询农业生产技术等，真正让农民享受到移动互联网时代下快速、便捷的数字化、信息化服务。

（2）店家亲（http：//www.dianjiaqin.com/）。店家亲是惠农科技打造的社区 O2O 综合服务平台。该手机 APP 定位为"小区必备生活神器"，根据服务对象不同，分为买家版和卖家版。"卖家版"为店主提供手机开店、客户推广、网络销售、会员管理和营销支持等全方位的服务，"买家版"为小区居民提供方便易用的手机购物、生活信息、便民上门和社区社交等服务，用户可以直接登录网页后扫描相应二维码进行下载和安装使用。

（二）一亩田

一亩田是国内知名的农产品大数据交易平台，拥有国内最全面的农产品交易大数据，主要包括一亩田网站、一亩田手机 APP、网店平台，以及与百度合作的一亩田直达号。其服务对象是全国农产品生产、流通、批发、经销等各个环节的从业者，帮助买卖双方完成农产品产销对接。每天有 110 万名农产品买卖双方使用一亩田，每天有 30 万条由各地农民、农民专业合作社、经纪人发布的 1.2 万种农产品供应信息。

一亩田每天早晚两次推出的农产品行情大数据服务"今日行情"的更新总量达到 30 万条，品类包括畜牧养殖、生鲜果蔬、粮油种植、鲜活水产、林业苗木、中医药材、特种养殖等，客户可以通过电脑版或手机版随时查询。农产品供应商可以及时找到价格最好的市场，农产品采购商也可以找到最有性价比的产品。

（三）本来生活网

本来生活网于 2012 年创建于北京，致力于改善中国的食品安全。在国内外精选优质食品供应基地和优质食品供应商，剔除中间环节，配合冷链配送，将食材、食品直送到家。该网站主要架构为：超级买手(负责挑选供应商和供应基地)、质检员(负责把关农产品品质和安全)、快递员(负责即时快速配送农产品)、营养师(负责为客户提供健康的膳食指导)，打造了一个完整的"采购—品管—配送—分享"农产品电子商务供应链。

(四)菜管家

菜管家优质农产品订购平台于 2009 年开始运营，集农产品基地培育、市场开发、生鲜配送及终端销售于一体，提供 E 时代健康时尚的生活方式，平台提供了农产品的 8 大类 2000 余种蔬菜、水果、水产、禽肉、粮油、土特产、南北货、调理等全方位农产品，为数千家企业提供农产品集采服务，为数万家庭提供农产品订购服务。目前菜管家平台不但建立了符合 GMP 食品安全管理体系的物流仓储基地，还建成了信息支持系统，并开通了COD 货到付款和在线支付的结算体系，基本完成了农产品销售、仓储、配送、支付的整合。

(五)中粮我买网

中粮我买网是由中粮集团于 2009 年创办的食品类 B2C 电子商务网站，主要商品有粮油、茶叶、酒类、调味品、果汁饮料、休闲食品、婴幼食品、方便食品和早餐食品等数百种，是定位于居家生活和办公一族的食品网络购物网站。

经过多年运营，中粮我买网依靠以下优势，受到用户的认可，并具备一定的市场覆盖率。

(1)优选商品。我买网所有在售商品均通过优选，经过大量严格的筛选和质量把关，优选出最具有电商特性的农产品和食品进行网络推广。

(2)专业库房。我买网商品库房全部为专业食品级库房，严格控制室内的通风、温度、湿度、灰尘等参数，确保售出的每一件商品都不会出现变质问题。

(3)直销渠道。我买网为中粮集团全资投资的企业，所有商品均为中粮自营或专属渠道，不会出现假货等问题。

（4）货到付款。我买网支持货到付款，为一部分担心网上交易不安全的用户提供了多种支付方式。

（5）不同人群。我买网设有特价专区、办公室零食、送礼"我买卡"等特色区域和产品，针对不同人群提供了不同需求。

（6）移动 APP。我买网开发了手机移动端 APP，考虑了办公室人群和年轻人群的购买习惯。

三、农资产品电商平台

（一）农村淘宝

2014 年 11 月，淘宝网专门针对农村市场和农民群体开通了全新二级频道农村淘宝（见图 5-2），并启用全新网址 https：//cun.taobao.com/。该频道不仅集合了电器、男女装、家居百货等农民日常生活用品，还专门将钢镐、耙子、镰刀、铲子、锄头、锹、锨、叉等农耕用具，以及肥料、农药、塑料、薄膜、遮阴网、种子等农资产品置于最为显眼的位置，便于农民购买农资产品。

（二）农商 1 号

2015 年 7 月，由中国农业产业发展基金和现代种业发展基金有限公司，联合东方资产管理有限公司、北京京粮鑫牛润瀛股权投资基金、江苏谷丰农业投资基金及金正大集团筹建的农商 1 号正式上线，该平台一举成为国内目前投资最大的农资电商平台。

目前在农商 1 号平台上线的有金正大、中化、中种、冠丰种业和以色列瑞沃乐斯、美国硼砂等国内外知名农资企业，通过互联网整合农技专家资源，专家可对农民进行面对面、点对点的指导。遇到种植难题，还会有专业人员直接上门服务。农商 1 号平台计划用 3～5 年时间，联手邮政、京东，整合物流和渠道资源，预计建成 1000 家县级运营中心，发展 10 万个村级服务站，覆盖

图 5-2　农村淘宝

1000 万名农民会员。

（三）云农场

云农场是由中国现代农场联盟、北京天辰云农场共同组建的农资交易平台，同时也是农场主的互动社交圈。平台拥有数万农场主资源，还提供化肥、种子、农药、农机交易及测土配肥、农技服务、农场金融、乡间物流、农产品定制化等多种增值服务。

第三节　微信支付

在微信中，集成了越来越多的功能，其中包括丰富的消费功能，购物、聚餐、看电影等功能应有尽有，充分满足人们的消费需求。

一、精选商品

打开微信，单击"我的银行卡"，然后在如图 5-3 所示界面中选择"精选商品"，跳转到如图 5-3 右图所示的消费购物界面。

图 5-3　精选商品

　　另一种途径为：单击"发现"，再单击"购物"，进入购物界面，如图 5-4 所示。

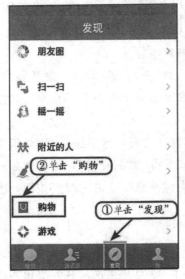

图 5-4　另一种途径到"购物"

我们以购买手机为例，在搜索框中输入"手机"转到搜索结果页面，选择要购买的某款手机，进入到如图 5-5 右图所示的该款手机详情页面。

图 5-5　搜索商品

选择所买手机的型号和数量，单击"立即购买"，跳转到"确认订单"页面，确认送货地址及联系方式，以及订单信息，如图 5-6 所示。

下拉确认订单页面，对订单进行支付，这里提供了"微信支付"和"货到付款"两种支付方式，单击"微信支付"，跳转到如图 5-7 右图所示的支付页面，输入支付密码，单击"支付"按钮，手机购买成功。

二、微信红包

微信红包是微信于 2014 年 1 月 27 日推出的一款新应用，出现在微信功能上能实现发红包，查收发记录以及提现功能。由于

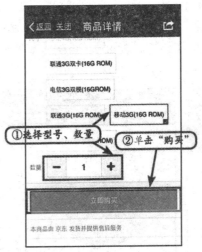

图 5-6 下单

图 5-7 微信支付

其集娱乐和社交于一体，推出伊始就受到了广大用户广泛的推崇。

　　如图 5-3 所示，进入我的银行卡，单击"微信红包"，进入微信红包界面，微信红包分为"拼手气群红包"和"普通红包"两种，两种发红包的流程一样，这里以"拼手气群红包"为例，如图 5-8 所示。

图 5-8　进入微信红包

　　如图 5-9 所示，在微信红包的界面填写发红包的数量和总额，然后写一些发红包的祝福语，最后单击"塞钱进红包"，完成对微信红包的设置。输入密码后，单击"支付"，跳转到如图 5-10 右图所示的支付完成界面，单击"完成"，完成对红包的支付。

　　完成支付后，如图 5-11 所示，单击"给好友发红包"，出现右图所示的提示页面 5 秒钟，单击右上角的"分享按钮"。

　　如图 5-12 所示，在分享页面单击"发送给好友"按钮，跳转到中间图所示的页面，单击"创建新的聊天"，在最右侧页面选择要发送红包的联系人，单击"确定"按钮。

　　在发送界面，先在白色框内写祝福语，然后单击"发送"，就

图 5-9 塞钱进红包

成功把红包发送给好友了,如图 5-13 所示。

收到红包后,会收到微信消息,单击"微信红包"链接,跳转到如图 5-14 右图所示界面,单击界面中间的红包。

拆开红包之后,成功领取红包内的金额,单击"查看详情并留言"按钮,完成领取红包,单击右图左上角的"返回",返回到微信红包主界面,如图 5-15 所示。

在微信红包主界面,下方显示红包中的金额,单击下方"提现"按钮,跳转到"提现申请"页面,单击"申请提现",跳转到最右侧图所示界面,提现申请成功,如图 5-16 所示。

三、电影票

在微信"我的银行卡"中,找到"电影票"。单击"电影票",跳转到如图 5-17 右图所示界面,选择所在城市。

然后出现正在热映的电影,这里选择"×战警:逆转未来",

农民手机应用

图 5-10 对红包进行支付

图 5-11 给好友发红包

  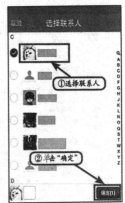

图 5-12　选择要发送的好友或微信群

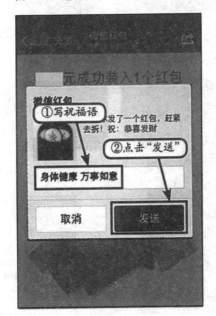

图 5-13　发送红包

跳到该电影的介绍页面，单击"排期购票"，如图 5-18 所示。

　　然后选择影院和时间，分别单击红色框中所选的影院和时

图 5-14 收到红包

图 5-15 领取红包

间,如图 5-19 所示。

然后进入和手机号进行绑定界面,先在框内输入手机号,单

图 5-16　红包提现

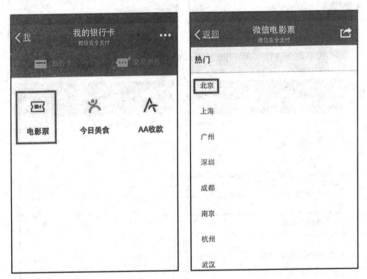

图 5-17　定位城市

击右侧的"获取验证码"按钮，把短信收到的验证码输入下面框内，单击"绑定"，然后跳到右图所示的选择座位页面，在座位区选择合适的座位，单击下方"确认选择"按钮，就选座成功，如图5-20 所示。

图 5-18 选择电影

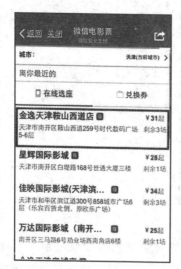

图 5-19 选择影院及时间

　　然后如图 5-21 所示，单击"立即购买"，跳转到支付页面，输

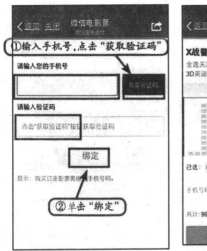

图 5-20 绑定手机及选择座位

入支付密码之后，单击"支付"，购买电影票成功了。

图 5-21 微信支付电影票

四、AA 收款

微信 AA 收款悄然上线后，我们可以发起朋友圈"1 对 1"收款，并且可以分享到朋友圈。具体操作是，先单击"我的银行卡"，单击"AA 收款"，出现 AA 收款的界面，选择"小伙伴聚餐"这一项，如图 5-22 所示。

图 5-22　AA 收款

　　然后在相应的框内填写"聚餐人数"和"小票金额"，单击"确定"按钮，单击绿色"向小伙伴们发起 AA 付款"按钮，如图 5-23 所示。

　　然后出现黑色提示，按照提示单击右上角的"分享"按钮，出现分享页面，单击"发送给朋友"，如图 5-24 所示。

　　如图 5-12 所示，选择所要发送的好友。

　　然后出现 AA 付款信息，单击"发送"按钮，就将付款信息发送给相应的好友，如图 5-25 和图 5-26 所示。

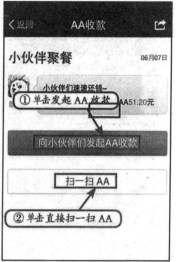

图 5-23 确定人数和金额

图 5-24 AA 付款信息发送给好友

图 5-25　确认付款信息　　　图 5-26　扫描二维码付款

第四节　支付宝

支付宝钱包是国内领先的移动支付平台，内置余额宝，信用卡还款、转账、充话费、缴水电煤气费等功能。有了支付宝钱包还能便宜打车、去便利店购物、售货机买饮料，更有众多精品公众账号为用户提供贴心服务。

一、登录支付宝钱包

在主屏幕上找到支付宝钱包，单击应用图标打开，跳转到如图 5-27 右图所示界面输入手机号，单击"下一步"。

输入手机号之后，单击"通过短信验证身份"。收到验证码短信之后，在 60 秒内输入，并单击"下一步"按钮，如图 5-28 所示。

然后转到登录界面，输入账户名和密码，单击"登录"，然后在右图九宫格中设置手势密码，绘制解锁图案后再次单击确认，如图 5-29 所示。

图 5-27 打开支付宝钱包

图 5-28 手机短信验证

登录完成之后，出现支付宝钱包的首页，其中包括余额宝、转账、当面付等功能，单击下方省略号，跳转到"更多"界面，其

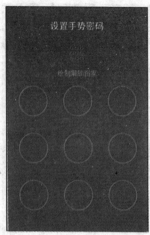

图 5-29　登录支付宝钱包

中包括快的打车、AA 收款、校园一卡通等功能，如图 5-30 所示。

图 5-30　支付宝主界面

二、添加服务——看电影

新版支付宝钱包增加了很多服务功能，首先是能够轻松地在线订购电影票。

在支付宝钱包首页单击下端 4 个选项中的"服务"，跳到服务界面，单击右上角的"添加"，跳到右图中的服务分类，单击"吃喝玩乐"，如图 5-31 所示。

图 5-31　添加服务

在"吃喝玩乐"选项中选择"院线通电影票"，在详细资料中单击"立即添加"，添加后，单击"立即查看"，如图 5-32 所示。

在院线通电影票应用中单击下端"快速购票"，在跳出的询问是否使用当前位置界面中单击"好"，如图 5-33 所示。

定位城市之后，在影片列表页面选择影片，单击"哥斯拉"，跳到影片介绍页面，如图 5-34 所示。

在影片介绍界面单击"选座购票"按钮，在跳转的页面中先选择观影时间，单击"明天"，然后选择地点，单击"和平区"。

然后选择电影院，单击"天津中影国际影城"，在右图电影信息列表中选择影厅和具体时间，如图 5-35 所示。

接下来选择座位，单击选择区内可选的座位。下拉页面，确认接受电子券的手机号码和座位号无误的情况下，单击"确认"，

图 5-32　添加院线通电影票

图 5-33　快速购票

如图 5-36 所示。

　　确认之后，单击"提交订单"，跳转到支付页面，输入支付密码，单击"付款"，购票就成功了，如图 5-37 所示。

图 5-34 选择影片

<table>
</table>

图 5-35 选择影片信息

图 5-36　选择座位

图 5-37　订单支付

三、添加服务——购物和团购

在图 5-31 所示界面中选择"商超百货"，然后单击"1 号店"，单击"立即添加"，添加之后单击"立即查看"，如图 5-38 所示。

图 5-38　添加购物应用

在 1 号店主页，单击左下角"食品日用"，在出现的选项中单击"放心牛奶"，然后跳转到牛奶商品界面，先选择牛奶品牌，单击"欧德堡"，然后单击右下方的小购物车标志，添加到购物车。选择完毕，单击左侧的大购物车图标去结算，如图 5-39 所示。

在结算界面，单击"去结算"按钮，跳转到订单确认界面，核对收货地址，运费信息和支付方式，如图 5-40 所示。

确认订单之后，单击"提交订单"按钮，跳转到支付界面，输入支付密码，单击"付款"，交易成功，如图 5-41 所示。

小提示：在 1 号店主页，先单击"我"，在出现的选项中，单击"订单物流"，会出现物流信息，如图 5-42 所示。

在图 5-31 中选择"团购优惠"，在列表中选择"窝窝团"，单击"立即添加"，添加之后单击"立即查看"，如图 5-43 所示。

在窝窝团的主页面，单击左下角"查看附近"，跳出的选项中选择"寻美食"，跳转到筛选界面，选择"美食"，提供了多种不同

图 5-39　选择商品

种类的美食，如图 5-44 所示。

　　在美食选项中选择"甜品饮品"，然后在食品列表中选择"起士林冰粥一份"，如图 5-45 所示。

　　选好之后单击"立即购买"，然后核对数量和手机号，单击"提交订单"，然后输入支付密码，单击"付款"按钮，完成付款，团购成功，如图 5-46 所示。

四、声波支付

　　声波支付是支付宝钱包在新版中强力推广的功能，使用时，手机发出"啾、啾、啾"的声音，另一台设备就会自动识别出付款方，从而使得面对面的付款再也不需要掏钱包数钞票了，让支付更加便捷。

　　首先在首页单击"当面付"，然后跳转到当面付界面，手机会发出一定频率的声波，单击右图第①步，右上角的"收钱"，就跳

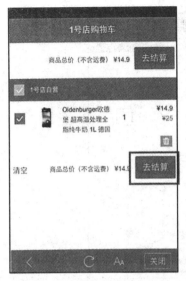

图 5-40　确认订单

图 5-41　订单支付

图 5-42　查物流

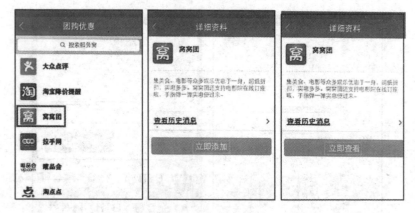

图 5-43　选择窝窝团

转到当面收，如图 5-47 所示。

　　在"当面收"界面下方为声波感应区，将付款方式按照图 5-47所示发出声波放在感应区附近，识别之后出现付款人的信息，收款成功，如图 5-48 所示。

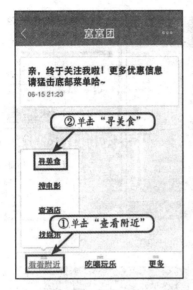

图 5-44　选择美食

图 5-45　筛选美食

小提示：单击图 5-47 右图中第②步，即右下方的感叹号，出

图 5-46　支付订单

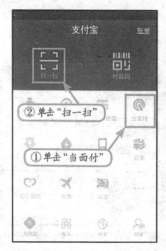

图 5-47　当面付

现下方操作提示画面，如图 5-49 所示。

五、扫一扫

扫一扫也是支付宝钱包主打的功能之一，除了扫一扫二维码支付之外，还增加了银行卡扫描功能，其主要功能是直接扫描银

图 5-48　当面收

图 5-49　当面付提示操作

行卡，自动识别银行卡账号，省去通过数字输入卡号。单击图 5-

47中第②步"扫一扫",在跳出的扫描界面中单击下方的"银行卡"选项,然后将银行卡置于扫描区域内,如图5-50所示。

图5-50 扫一扫银行卡

扫描结束,对扫描结果和原卡号进行核对,核对正确后,单击"确认",跳转到扫码界面,单击"转账到该卡",如图5-51所示。

图5-51 核对卡号

然后在填入该银行卡的姓名和转账金额,单击"下一步",然后输入到账通知的电话，确认完毕之后，单击"下一步"，如图 5-52 所示。

图 5-52 转账到该银行卡

在跳出的付款确认界面，单击"确定"，显示转账结果，转账成功，如图 5-53 所示。

六、电子券

支付宝钱包里的电子券功能，将所有团购券、优惠券等电子券都集中管理，方便用户使用。先单击支付宝钱包下方的"探索"按钮，然后单击"电子券"，在右图中显示现有的电子券，按右图第①步，单击查看电子券，如图 5-54 所示。

然后显示电子券详情，包括验证码等，单击右下角感叹号，显示出电子券的详细信息，如图 5-55 所示。

在图 5-53 中，按照第②步，单击"添加电子券"，出现适用于支付宝钱包的应用，单击"失效券"，出现已失效的电子券列表，如图 5-56 所示。

图 5-53　确认付款

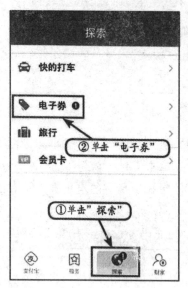

图 5-54　查看电子券

图 5-55　电子券详情

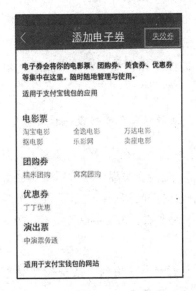

图 5-56　添加电子券

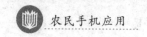

第五节　农产品金融服务商

一、电商＋综合金融：依托支付和电商获得数据和用户

以阿里巴巴、京东为代表的具有电商基因的公司看中了农村消费升级的机遇。它们进入农村市场时，将金融作为整体战略布局的一个部分。无论是 2014 年，阿里巴巴启动的"千县万村"计划，还是 2015 年京东推出的"3F"战略，做的都是消费品下乡、农产品进城、金融协同。

2014 年 10 月 16 日，阿里小微金融服务集团以蚂蚁金融服务集团的名义正式成立，旗下的业务包括支付宝、支付宝钱包、余额宝、招财宝、蚂蚁小贷和网商银行等。

在整个蚂蚁金融服务的业务体系中，支付、理财、融资、保险等业务板块仅是浮出水面的一小部分，真正支撑这些业务的则是水面之下的云计算、大数据和信用体系等底层平台。蚂蚁金融服务的战略就是开放这些底层平台，与各方合作伙伴一起，开拓互联网时代的金融新生态。

二、农业产业链金融：依托产业链信息化获取数据和用户

大型农业企业结合农业生产信息化，也在布局农业金融。他们建立的业务体系主要有 3 个模块：一是向农户提供经营养殖信息系统，实现云端管理；二是开拓网上农资产品商城；三是提供金融服务。此外，还有一些增值服务，如养殖教育、市场资讯等。

（一）农富宝

农富宝是大北农集团在旗下农信网上推出的一款余额理财产品，对接银华货币基金，为理财工具匮乏的农户带来了更好的理财收益和用户体验，可以说是农户用的"余额宝"。银华基金表

示，农富宝主要凭借安全性、收益性、流动性和用户体验四大优势，赢得农户的青睐。

（二）农富贷

农富贷是农信互联旗下北京农信小额贷款有限公司向使用猪联网或进销财的用户提供的小额贷款服务，用于满足种植、养殖客户及经销商向供应商支付采购货款等短期资金需求。基于对客户资信情况的分析，合理安排贷款期限和利率水平，同时提供灵活的还款方式，旨在为客户提供最优质、最便捷的贷款体验。

（三）扶持金

扶持金是农信互联旗下为供应商量身打造的一种"先拉货、后付款"的赊销购货体验，完成农信金融认证并获得资信评估的客户，即可获得一定额度、一定账期的赊销。满足供应商提出的相关条件，账期内相当于无息用款。超出账期的，按照一定比例收取资金占用费。

三、第三方 P2P 贷款

第三方 P2P 平台既没有产业链资源可以依托，又没有电商渠道获取用户消费和收入的信息。为了获取用户并按需提供借贷方案，他们几乎都在线下建立网点，依靠当地信贷员开展业务，具体方式略有差异。

（一）沐金农

沐金农是一家专注"三农"领域的垂直互联网金融平台 APP 软件，致力于用金融手段解决"三农"问题，让新农人享受平等的金融服务。沐金农主打产业链金融和合作金融，通过"陌生人借款＋熟人管控"的 P2P 风险控制模式帮助新农人高效融资，并追求突破，在竭力降低新农人融资成本的同时提升融资效率，让每一位新农人沐浴高效便捷的金融服务。

（二）贷帮

贷帮网是深圳贷帮投资有限公司打造的第三方信贷信息服务平台，通过收集小微企业、个体工商户、农户等借方的借款需求，经专业分析和评级后，推荐给有投资需求的都市白领为主体的贷方，并通过贷帮网站撮合，以"多对一"的方式完成借款筹集过程，贷帮从中收取信息咨询管理费维持运营。

（三）农分期

种子金服旗下的"农分期"致力于解决农户购买农资难、购买农资贵、融资难和农资企业进村难、分销费用高等难题。农户在"农分期"商城，可以采用分期付款的方式购买农机、采购大宗农资、支付土地流转费用等。"农分期"依托高效的互联网平台、强大的县域网络、掌握 IPC 微贷技术的业务团队，通过与生产厂家和当地农机经销商的紧密合作，在不到半年时间内，帮助数百户农户采用分期付款方式完成了自己的购机梦想。

四、利基市场：分期/融资租赁

"沐金农"、"贷帮"、"农分期"等都采用与经销商合作的方式开拓市场。一方面，解决风险控制中对农户背景不了解的信息不对称问题；另一方面，一旦农户违约，抵押的农机取回之后，可与经销商合作再销售。

宜信在 2012 年推出农机融资租赁业务，是较早进入市场的互联网金融机构，主要在黑龙江、山东、吉林、辽宁、内蒙古等粮食大省与经销商合作开展业务。

在从事农机租赁业务的同时，宜信发现了农业租赁市场的另一类潜在需求——活体租赁。他们在河南省向原来的农机租赁客户提供了 200 头奶牛的售后租回服务。

第六节　手机理财

使用手机理财毕竟是刚兴起的一种理财方式，人们对此有许多误区是正常的。本节介绍的是在手机理财中常见的误区。

一、理财应用越多越好

刚刚开始使用手机进行理财的用户总是喜欢下载大量的理财工具类 APP，甚至一个 APP 可以完成的工作，偏偏要使用几个 APP，以显示自己是手机理财达人。这是完全错误的行为，手机下载过多的 APP 会产生很多不良后果，如图 5-57 所示。

APP安装得太，占据的手机内在就越大（不是手机储存），手机的运行速率就越慢。

随便下载APP，会让不良APP浑水摸鱼，不但影响用户的正常使用，还可能让用户产生额外的费用。

许多手机APP会追踪用户的一些隐私信息，如联系人、手机ID以及手机定位等，这就上病毒、木马程序可以趁浩大而入，让用户处在更危险的境地。

图 5-57　下载过多 APP 的不良后果

许多手机 APP 可以帮助投资者进行许多方面的理财，例如，支付宝，不仅可以进行网购支付、购买理财产品，还具有缴纳通信费、水电费等功能。用户完全没有必要再下载专门用来缴纳水电费或彩票投注的 APP 了。

二、支付密码设置相同

移动互联网技术发展日新月异，应运而生的手机购物越来越被大众接受，相比使用电脑更为方便，逐渐成为人们的主流购物方式。由于跟"钱袋子"密切相关，在享受方便的手机购物的乐趣

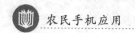

时，保证网上支付安全显得更加重要。但许多用户对此做得并不好，在支付的密码环节往往会有以下两种误区。

（一）密码设置相同

有些用户为了方便记忆，无论是邮箱、聊天软件，还是银行卡、支付软件都使用相同的密码，并且喜欢用生日、身份证号码等数字作为账号密码。虽然方便记忆，但这样的密码极易被"盗号者"破解，任意一次的资料泄露都极有可能导致用户所有账户失去安全保障。因此，用户最好是为网上支付、银行卡等的账号设置单独的密码，使用"数字＋字母＋符号"组合的高安全级别的密码。如果是类似"支付宝"这种软件，有登录密码和支付密码两个密码，用户必须设置成不同的两个密码。

（二）密码存在手机上

有的用户喜欢把账号与密码保存在手机或计算机的某个文件中，这也是比较危险的行为。若手机或计算机处于联网状态，就有可能被木马等病毒软件侵害，账号密码也可能泄露。因此，用户的账户与密码不要保存于联网的手机、计算机等设备中，对于一些不熟悉的网站，填写信息要格外谨慎。

三、手机银行理财夸大收益

手机银行理财业务是以手机银行客户端为销售渠道的理财产品，为客户随时随地购买理财产品提供便利。目前，工商银行、建设银行、民生银行、光大银行等银行都已经推出了手机银行专属理财业务。

个性化理财产品不断推出，受到"上班族"热捧，原因是这些理财产品预期年化收益率较高，超过绝大多数同期传统理财产品，如图 5-58 所示。

如图 5-58 所示的广告，许多投资者可能马上会被"19 倍"这样的数字所吸引。但实际上这个 19 倍的收益，是将"七日年化收

图 5-58　高额收益的广告

益率"当做年收益计算，并且与银行活期存款相对比，才能达到如此高倍数的收益。

同时，七日年化收益率只能算是个预期收益，预期高收益率并不等于实际收益率，用户在购买理财产品时还要注意产品风险和资金投资去向。

第七节　农产品手机电商

一、农村淘宝

农村淘宝是阿里巴巴集团的战略项目。为了服务农民，创新农业，让农村变得更美好，阿里计划在 3～5 年内投资 100 亿元，建立 1000 个县级服务中心和 10 万个村级服务站。

农村淘宝买卖流程如图 5-59 所示。

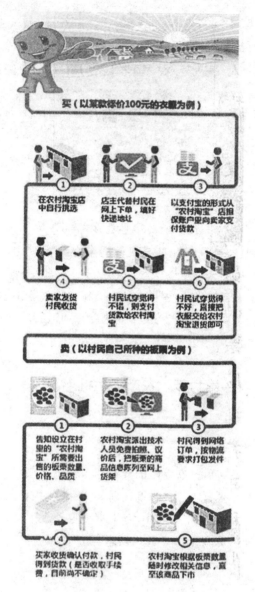

图 5-59　农村淘宝买卖流程

阿里巴巴集团将与各地政府深度合作，以电子商务平台为基础，通过搭建县村两级服务网络，充分发挥电子商务优势，突破物流、信息流的瓶颈，实现"网货下乡"和"农产品进城"的双向流通功能。

农村淘宝，可以用"五个一"来概括：一个村庄中心点、一条专用网线、一台电脑、一个超大屏幕、一批经过培训的技术人员。

二、淘宝网店铺运营手机应用软件

千牛——卖家工作台。阿里巴巴集团官方出品，淘宝卖家、天猫商家均可使用。包含卖家工作台、消息中心、阿里旺旺、量子恒道、订单管理、商品管理等主要功能，目前有两个版本：电脑版和手机版。

手机管店，随时随地都能接单，实时掌握店铺动态。

不在电脑旁，手机聊天接单。手机快捷短语秒回咨询；边聊天，边推荐商品，核对订单，查看买家好评率；支持语音转文字输入（见图 5-60）。

图 5-60　手机快捷短语秒回咨询

打开手机查看一眼经营数据（见图 5-61）。经营各环节数据，做好全局配货，销售和备货工作准备；店铺分析报告，查阅数据走势，支持与同行对比。

适配的营销工具，更省心更高效。插件中心具备丰富的营销工具，内有交易、商品、数据、直通车、供销等各种插件可供选用。

可利用碎片时间，学习规则。手机牛吧可观看淘宝官方动态、最新资讯；做卖点，打爆款，引流量，管店不忘每天学学秘籍与攻略；报名参加线下活动培训和交流会等。

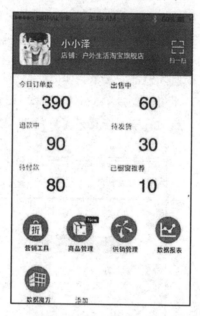

图 5-61　查看经营数据

备忘录功能，轻松备忘待办工作。加星标注设提醒，不会耽误事；在外无法处理的工作，可以安排同事处理。

第八节 用手机开微店

随着智能手机的广泛应用和手机网络资费的下降，利用手机进行网络搜索并购买产品，已成为现在方便快捷的网络消费模式。本节根据微信提供的微店功能对开展农产品网站的建立和维护工作做一个详细介绍。

一、农产品微商的概述

微商，英文名称 wechat Business，是基于微信生态的社会化分销模式。它是企业或者个人基于社会化媒体开店的新型电商，从模式上来说主要分为两种：基于微信公众号的微商称为 B2C 微商，基于朋友圈开店的称为 C2C 微商。微商和淘宝一样，有天猫平台（B2C 微商）也有淘宝集市（C2C 微商）。所不同的是微商基于微信"连接一切"的能力，实现商品的社交分享、熟人推荐与朋友圈展示。从微商的流程来说，微商主要由基础完善的交易平台、营销插件、分销体系以及个人端分享推广微客 4 部分组成。现在已从一件代发逐渐发展成服务行业。自己存货自己发，有等级的区分，等级越高利润越大。微商是基于微信生态集移动与社交为一体的新型电商模式，主要分为两个环节：B2C 环节和 G2C 环节。

农特产品通过微商这种销售模式会越来越盛行，除了微商本身这种模式爆发之外，还有就是整个农产品的产业链发生了巨大的变化。从种植、生产到销售，都与以前的传统农业有所不同，这就是我们所说的新农业。

农特微商在 2015 年下半年出现一个井喷式的暴发，经过两年多的发展，很多新农人看到了微商这个机会，纷纷投入到农特微商这支大军。农特产品更适合这种分享模式去销售，当一个客户可以知道购买的产品是如何种出来的,是如何成长的,是如何采摘的,是如何包装的,每一个环节他都很清楚地了解,就好像是亲自种植的一样,自然有一种信任感,对产品也没有什么顾虑。这是其他渠道无法做到也无法比拟的。

(一)农特微商 4 种模式

1. 认领

认领模式最近几年开始盛行起来,以前 1 亩①地可以产生1000 元的价值,但是通过这个认领模式之后,可以让它价值翻10 倍,变成 1 万元。这是怎么做到的呢?

认领是采用主人制模式,谁认领这块地,谁就是主人,这块地所有的产出都归他所有。一般采用这种模式的,都是有机绿色农产品,如有机大米、土豆、脐橙、香菇等。认领人可以不需要自己去打理,统一交给农场主管理,认领人可以实时地了解自己认领的那块地每天的情况,也可以平时交给农场主打理,到周末带朋友、家人到自己的认领的土地打理、种植、浇水、施肥、采摘等,自己亲身体验那种田园生活,感受不一样的生活。

除了可以体验之外,自己认领种植的菜或水果都在自己的监控之下,从播种到收获,整个过程一清二楚,保证了无污染,有机绿色,吃得放心,这才是最重要的。现在的人最关心的是食品安全,而去菜市场买的菜,无法保证这一点。对于很多城市人,重视健康的人来说,这种模式很有吸引力。

2. 预售

农产品最大的问题不是种植或生产,而是经常会遇到供大于求的局面,导致农户种植或生产的农产品无法销售出去,或者是亏本低价甩卖。如果能够采用预售的模式,先收钱,再种植,这

① 1 亩≈0.0667 公顷。

样就可以很好地控制风险。而用微信正好可以做到这一点，可以通过朋友圈、微信公众号和社群进行预售。

预售的好处：

（1）市场反馈。通过预售，我们可以知道产品的市场反馈，可以了解客户对这个产品的认可程度、需求情况，以便在种植和生产初期做出反应，适当调整，满足客户的需求。

（2）用户数据。预售的时候我们都要收集每个客户的资料，如姓名、手机号、地址、职业等信息。有了这个数据，我们就可以了解产品的客户是谁，用户在哪里。这个很重要，以前我们的产品卖给谁，谁吃了，根本不知道，但是有了预售之后，这些问题就解决了。

（3）降低风险。以前我们总是把种植或是生产出来的产品再推向市场，结果市场不认可，客户不买单，导致卖不出去。大多数农产品都有季节性短、保质期短的特性，如果在一定的时间内卖不出去，只能打折出售或者是烂在地里或仓库里。现在通过预售，我们就可以先收钱，客户先下单，根据客户的订单进行生产，可以说是零风险。

3. 众筹

实际上，这两年作为热度飙升的互联网金融的一个分支，众筹对很多人来说已不再陌生，但是在最传统的农业领域采用众筹的方式，尚属新鲜。

最简单的农业众筹模式就是消费者先筹集资金，让农民根据需求进行种植或生产，待农产品成熟之后直接送到用户手里，这在一定程度上可以理解成农产品的预售。这种模式被业内称为订单农业——根据销量组织生产，降低农业生产的风险。

在国内，农业众筹落地还不到一年。综合性众筹平台众筹网上线以来陆续推出了一些农产品众筹项目之后，又宣布正式进军农业领域，将农业列入平台的重点发展板块，并与汇源集团、三

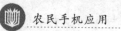

康安食、沱沱工社等达成战略协议。

4. 会员制

会员制除了一些百货店、餐饮行业、酒店等行业可以运用之外，农业也同样适用。会员制模式与众筹、认领在形式上没什么区别，但本质上还是有很大的不同。虽然都是先付款，再享用，但是会员制在服务内容和形式上有别于其他两种。那么到底在什么情况下，我们应该用什么模式会比较好呢？会员制模式到底有什么好处呢？

一般农场，或者是农产品订购制的经济主体比较适用会员制模式，而众筹和认领相对来说范围更广一点。采用会员制的好处就是专属、定制、独享。如农庄采用会员制，每个会员5万元一年，农庄除给你提供价值5万元的产品之外，你还可以随时来农场进行体验。其他客户没有这种福利，只有会员有，这是农场会员制的一种方法；而农产品的会员制为，客户定制一年的产品，每个月给他快递产品。必须加入会员才能享用。比如，蜂蜜销售，我们用会员制模式，农户每月给用户快递一瓶，一年12瓶，每个月都是不同种类的蜂蜜，不同的包装，会员专属款，这样客户会有不一样的体验，不一样的感受。

二、用手机开微店的流程

(1)使用计算机打开微店的官网网站，在浏览器的地址栏输入 www. weidian. com，然后回车，进入主界面，如图 5-62 所示。

(2)使用手机的微信扫一扫功能如图 5-63 所示，扫码如图 5-62 的所示二维码，在手机上打开应用详情，如图 5-64 所示。

(3)单击腾讯应用宝安全更新，进入微店程序下载更新界面，如图 5-65 所示。

(4)下载完毕，直接进入打包安装程序界面，如图 5-66 所示。

图 5-62　打开微店官方网站

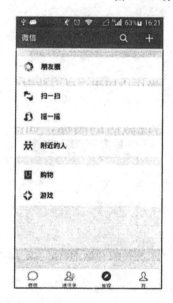

图 5-63　微信扫一扫功能

图 5-64　微店应用详情

 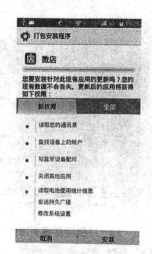

图 5-65 微店应用下载更新界面　　图 5-66 微店打包安装程序

(5)单击图 5-66 的安装按钮，进入安装过程，如图 5-67 所示，安装完毕出现应用程序已安装提示，如图 5-68 所示，然后单击完成按钮。

图 5-67 微店正在安装界面　　图 5-68 微店应用程序已安装完成界面

(6)微店安装完毕后，在屏幕的主界面会出现微店的图标，如图 5-69 所示。

(7)登录微店，单击屏幕的微店图标进入微店主界面，如图 5-70 所示。

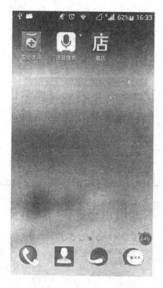

图 5-69　手机屏幕微店图标

图 5-70　微店主界面

(8)微店内容管理，在微店主界面进行内容管理是开通微店的重要步骤。

具体操作方法如下：

(1)微店管理。单击图 5-70 左上角的"微店"图标，进入微店管理界面，如图 5-71 所示。

在微店管理中可以设置微店信息、添加店长笔记、设置微信收款、对微店进行店铺装修、运费设置，开通在微信中点亮微店、加入 QQ 购物号、进行身份认证、物资认证、减库存方式、设置自动确认收货时间，设置担保交易、自动到账、货到付款、退货保障和保证金保障，对微店进行预览、设置二维码、复制微

图 5-71　微店管理主界面

店链接以及分享。

(2)商品管理。单击图 5-70 右上角的"商品"图标，进入微店商品管理界面，如图 5-72 所示。

在微店商品管理界面可以对出售中的商品进行添加操作、管理已下架商品。

(3)订单管理。单击图 5-70 的"订单"图标，进入微店订单管理界面，如图 5-73 所示。

可以对进行中、已完成和已关闭的订单中的状态(待发货、待付款、已发货、退款中)进行管理。

(4)统计管理。单击图 5-70 的"统计"图标，进入微店统计界面，如图 5-74 所示。在微店统计界面可以统计微店的昨日浏览、总浏览量、收藏数量、点赞数量，也可以查看访客情况、订单情况和金额情况。

图 5-72　微店商品管理界面　　　　图 5-73　微店订单管理界面

图 5-74　微店统计界面

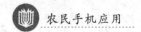

(5)客户管理。单击图 5-70 的左下角"客户"图标，进入微店统计界面，如图 5-75 所示。

可以查看聊天消息、客户列表以及客户的评价结果。

(6)收入查看。单击图 5-70 的右下角"收入"图标，进入微店收入查看界面如图 5-76 所示。

图 5-75　客户管理界面　　　图 5-76　微店我的收入查看界面

可以查看交易中的收入、已经提现的收入，绑定银行卡进行微店收入和银行卡互转、查看收支明细等。

第九节　农业在线学习

12316 是农业部在全国启用的农业系统公益服务统一专用代码。河北省开通了 12316 三农热线接受农产品质量安全和农资打假举报投诉及农业信息服务电话咨询，开发了 12316 手机 APP，实时更新，部分栏目可以帮助用户利用智能手机进行在线学习。

一、农业知识

用户可以利用 12316 手机 APP 的农业知识栏目，学习国家和河北省农业政策、法律法规、标准等全文，经国家和河北省审定的、适宜河北省种植和养殖的农产品品种，农业行政审批事项目录和指南，作物栽培、畜禽养殖、水产养殖、育种、植物保护、农产品储藏保鲜等农业基础知识。

二、农业技术

用户可以利用 12316 手机 APP 的农业技术栏目，学习适宜河北省的粮油棉、蔬菜瓜果、花木园艺、饲草种植、中草药、食用菌、土壤肥料、植物保护、农业机械、储藏加工、畜牧兽医、水产养殖等各类农业技术。

三、在线投诉及咨询

用户在学习农业知识和农业技术时遇到难题，或是在农业生产经营管理、农资购买使用中遇到问题，都可以通过 12316 手机 APP 咨询农业专家，农业专家可以通过手机视频实时解答，或者通过电话、文字来解答。目前，河北省有 12316 农业专家 400 多名，涉及农业各个行业，遍布全省各地。

使用 12316（"三农信息通"）注册用户、查看农业信息、查看农业政策、咨询。

（1）下载并安装"三农信息通"。打开"手机应用市场"，在搜索栏中输入"12316"，单击搜索，在搜索结果中单击"三农信息通"右侧的"下载"按钮下载并安装，如图 5-77 所示。

图 5-77 下载并安装"三农信息通"

(2)设置个人信息。打开"三农信息通",单击"更多",可以根据需要来设置个人信息。如单击游客账户,设置自己的昵称、性别、关注行业等,如图 5-78 所示。

(3)查看农业信息。打开"三农信息通"在"首页"中,可以查看各种农业信息,如图 5-79 所示。

(4)查看农业政策。单击"发现",在各分类信息中找到"政策",查看农业政策,如图 5-80 所示。

(5)咨询。单击"互动",单击"在线咨询",可以查看专家和农民的互动信息;若想自己发布咨询,单击右上角的"+",单击"发表内容",输入手机号码激活后,就可以发布咨询了,如图 5-81所示。

图 5-78 设置个人信息

图 5-79　查看农业信息

图 5-80　查看农业政策

图 5-81　咨询

模块六　手机在物联网中的应用

　　农业物联网一般应用是将大量的传感器节点构成监控网络，通过各种传感器采集信息，以帮助农民及时发现问题，并且准确地确定发生问题的位置，这样农业将逐渐地从以人力为中心、依赖于孤立机械的生产模式转向以信息和软件为中心的生产模式，从而大量使用各种自动化、智能化、远程控制的生产设备。

第一节　物联网的概念

　　物联网是新一代信息技术的重要组成部分，也是信息化时代的重要发展阶段。其英文名称是"Internet of Things（IoT）"。顾名思义，物联网就是物物相连的互联网。这有两层意思：其一，物联网的核心和基础仍然是互联网，是在互联网基础上延伸和扩展的网络；其二，其用户端延伸和扩展到了任何物品与物品之间，进行信息交换和通信，也就是物物相息。物联网通过智能感知、识别技术与普适计算等通信感知技术，广泛应用于网络的融合中，也因此被称为继计算机、互联网之后世界信息产业发展的第三次浪潮。物联网是互联网的应用拓展，与其说物联网是网络，不如说物联网是业务和应用。因此，应用创新是物联网发展的核心，以用户体验为核心的创新 2.0 是物联网发展的灵魂（见图 6-1）。

　　活点定义：利用局部网络或互联网等通信技术把传感器、控制器、机器、人员和物等通过新的方式连接在一起，形成人与

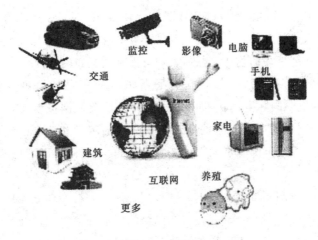

图 6-1 物联网

物、物与物相连，实现信息化、远程管理控制和智能化的网络。物联网是互联网的延伸，它包括互联网及互联网上所有的资源，兼容互联网所有的应用，但物联网中所有的元素（所有的设备、资源及通信等）都是个性化和私有化。

第二节 物联网的起源

1991 年，美国麻省理工学院（MIT）的 Kevin Ash-ton 教授首次提出物联网的概念。

1995 年比尔·盖茨在《未来之路》一书中也曾提及物联网，但未引起广泛重视。

1999 年美国麻省理工学院建立了"自动识别中心（Auto－ID)"，提出"万物皆可通过网络互联"，阐明了物联网的基本含义。早期的物联网是依托射频识别（RFID)技术的物流网络，随着网络技术和应用的发展，物联网的内涵已经发生了较大变化。

2003 年美国《技术评论》提出传感网络技术将是未来改变人们生活的十大技术之首。

2004 年日本总务省(MIC)提出 u-Japan 计划,该战略力求实现人与人、物与物、人与物之间的连接,希望将日本建设成一个随时、随地、任何物体、任何人均可连接的泛在网络社会。

2005 年 11 月 17 日,在突尼斯举行的信息社会世界峰会(WSIS)上,国际电信联盟(ITU)发布《ITU 互联网报告 2005:物联网》,引用了"物联网"的概念。物联网的定义和范围已经发生了变化,覆盖范围有了较大的拓展,不再只是基于 RFID 技术的物联网。

2006 年韩国确立了 u-Korea 计划,该计划旨在建立无所不在的社会(Ubiquitous Society),在民众的生活环境里建设智能型网络(如 IPv6、BcN、USN)和各种新型应用(如 DMB、Telematics、RFID),让民众可以随时随地享有科技智慧服务。2009 年韩国通信委员会出台了《物联网基础设施构建基本规划》,将物联网确定为新增长动力,提出到 2012 年实现"通过构建世界最先进的物联网基础实施,打造未来广播通信融合领域超一流信息通信技术强国"的目标。

2008 年以后,为了促进科技发展,寻找经济新的增长点,各国政府开始重视下一代的技术规划,将目光放在了物联网上。在中国,同年 11 月在北京大学举行的第二届中国移动政务研讨会"知识社会与创新 2.0"提出移动技术、物联网技术的发展代表着新一代信息技术的形成,并带动了经济社会形态、创新形态的变革,推动了面向知识社会的以用户体验为核心的下一代创新(创新 2.0)形态的形成,创新与发展更加关注用户、注重以人为本。而创新 2.0 形态的形成又进一步推动新一代信息技术的健康发展。

2009 年欧盟执委会发表了欧洲物联网行动计划,描绘了物联网技术的应用前景,提出欧盟政府要加强对物联网的管理,促进物联网的发展。

2009 年 1 月 28 日，奥巴马就任美国总统后，与美国工商业领袖举行了一次"圆桌会议"，作为仅有的两名代表之一，IBM 首席执行官彭明盛首次提出"智慧地球"这一概念，建议新政府投资新一代的智慧型基础设施。当年，美国将新能源和物联网列为振兴经济的两大重点。

　　2009 年 2 月 24 日，2009 IBM 论坛上，IBM 大中华区首席执行官钱大群公布了名为"智慧的地球"的最新策略。此概念一经提出，即得到美国各界的高度关注，甚至有分析认为 IBM 公司的这一构想极有可能上升至美国的国家战略，并在世界范围内引起轰动。

　　今天，"智慧地球"战略被美国人认为与当年的"信息高速公路"有许多相似之处，同样被他们认为是振兴经济、确立竞争优势的关键战略。该战略能否掀起如当年互联网革命一样的科技和经济浪潮，不仅为美国关注，更为世界所关注。

　　2009 年 8 月，温家宝在"感知中国"中心的讲话把我国物联网领域的研究和应用开发推向了高潮。无锡市率先建立了"感知中国"研究中心，中国科学院、运营商、多所大学在无锡建立了物联网研究院，无锡市江南大学还建立了全国首家实体物联网工厂学院。自温家宝提出"感知中国"以来，物联网被正式列为国家五大新兴战略性产业之一，写入"政府工作报告"，物联网在中国受到了全社会极大的关注，其受关注程度是在美国、欧盟以及其他各国不可比拟的。

　　物联网的概念已经是一个"中国制造"的概念，它的覆盖范围与时俱进，已经超越了 1999 年 Ashton 教授和 2005 年 ITU 报告所指的范围，物联网已被贴上"中国式"标签。

　　截至 2010 年，发展和改革委员会、工业和信息化部等部委会同有关部门，在新一代信息技术方面开展研究，以形成支持新一代信息技术的一些新政策措施，从而推动我国经济的发展。

物联网作为一个新经济增长点的战略新兴产业，具有良好的市场效益，《2014～2018 年中国物联网行业应用领域市场需求与投资预测分析报告》数据表明，2010 年物联网在安防、交通、电力和物流领域的市场规模分别为 600 亿元、300 亿元、280 亿元和 150 亿元。2011 年中国物联网产业市场规模达到 2600 多亿元。

第三节　物联网的关键技术

在物联网应用中有 3 项关键技术。

一、传感器技术

这也是计算机应用中的关键技术。大家都知道，到目前为止绝大部分计算机处理的都是数字信号。自从有计算机以来就需要传感器把模拟信号转换成数字信号之后，计算机才能进行处理。

二、RFID 标签

这也是一种传感器技术，RFID 技术是融合了无线射频技术和嵌入式技术为一体的综合技术，RFID 在自动识别、物品物流管理方面有着广阔的应用前景。

三、嵌入式系统技术

该技术是综合了计算机软硬件、传感器技术、集成电路技术、电子应用技术为一体的复杂技术。经过几十年的演变，以嵌入式系统为特征的智能终端产品随处可见，小到人们身边的MP3，大到航天航空的卫星系统。嵌入式系统正在改变着人们的生活，推动着工业生产以及国防工业的发展。如果把物联网用人体做一个简单比喻，传感器相当于人的眼睛、鼻子、皮肤等感官，网络就是神经系统用来传递信息，嵌入式系统则是人的大脑，在接收到信息后要进行分类处理。这个例子很形象的描述了传感器、嵌入式系统在物联网中的位置与作用（见图 6-2）。

图 6-2　物联网关键领域

第四节　物联网应用模式

根据其实质用途可以归结为两种基本应用模式。

一、对象的智能标签

通过 NFC、二维码、RFID 等技术标识特定的对象，用于区分对象个体。例如，在生活中我们使用的各种智能卡，条码标签的基本用途就是用来获得对象的识别信息。此外，通过智能标签还可以用于获得对象物品所包含的扩展信息。例如，智能卡上的金额余额，二维码中所包含的网址和名称等。

二、对象的智能控制

物联网基于云计算平台和智能网络，可以依据传感器网络获取的数据进行决策，改变对象的行为进行控制和反馈。例如，根据光线的强弱调整路灯的亮度，根据车辆的流量自动调整红绿灯间隔等。

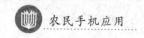

模块七　手机在智慧农业中的应用

第一节　智慧农业概述

一、智慧农业

（一）基本概念

所谓"智慧农业"就是充分应用现代信息技术成果，集成应用计算机与网络技术、移动互联网技术、物联网技术、音视频技术、3S技术、无线通信技术及专家智慧与知识，实现农业可视化远程诊断、远程控制、灾变预警等智能管理。

"智慧农业"是农业生产的高级阶段，是集新兴的互联网、移动互联网、云计算和物联网技术为一体，依托布置在农业生产现场的各种传感节点（环境温湿度、土壤水分、二氧化碳、图像等）和无线通信网络，实现农业生产环境的智能感知、智能预警、智能决策、智能分析、专家在线指导，为农业生产提供精准化种植、可视化管理、智能化决策。

"智慧农业"是云计算、传感网、3S等多种信息技术在农业中综合、全面的应用，实现更完备的信息化基础支撑、更透彻的农业信息感知、更集中的数据资源、更广泛的互联互通、更深入的智能控制、更贴心的公众服务。"智慧农业"与现代生物技术、种植技术等高新技术融合于一体，对建设世界水平农业具有重要意义。

(二)系统技术特点

"智慧农业"是物联网技术在现代农业领域的应用,主要有监控功能系统、监测功能系统、实时图像与视频监控功能。

1. 监控功能系统

根据无线网络获取的植物生长环境信息,如监测土壤水分、土壤温度、空气温度、空气湿度、光照强度、植物养分含量等参数。其他参数也可以选配,如土壤中的 pH、电导率等。信息收集,负责接收无线传感汇聚节点发来的数据、存储、显示和数据管理,实现所有基地测试点信息的获取、管理、动态显示和分析处理,以直观的图表和曲线的方式显示给用户,并根据以上各类信息的反馈对农业园区进行自动灌溉、自动降温、自动卷模、自动进行液体肥料施肥、自动喷药等自动控制。

2. 监测功能系统

在农业园区内实现自动信息检测与控制,通过配备无线传感节点,太阳能供电系统、信息采集和信息路由设备配备无线传感传输系统,每个基点配置无线传感节点,每个无线智能控制系统传感节点可监测土壤水分、土壤温度、空气温度、空气湿度、光照强度、植物养分含量等参数。根据种植作物的需求提供各种声光报警信息和短信报警信息。

3. 实时图像与视频监控功能

农业物联网的基本概念是实现农业上作物与环境、土壤及肥力间的物物相连的关系网络,通过多维信息与多层次处理,实现农作物的最佳生长环境调理及施肥管理。但是作为管理农业生产的人员而言,仅仅数字化的物物相连并不能完全营造作物最佳生长条件。视频与图像监控为物与物之间的关联提供了更加直观地表达方式。比如,哪块地缺水了,在物联网单层数据上仅仅能看到水分数据偏低。应该灌溉到什么程度也不能死搬硬套地仅仅根据这一数据来做决策。因为农业生产环境的不均匀性决定了农业信息获取上的先天性弊端，而很难从单纯的技术手段上进行突破。视频监控的引用，直观地反映了农作物生产的实时状态，引入视频图像与图像处理，既可直观反映一些作物的生长态势，也可以侧面反映出作物生长的整体状态及营养水平。该功能可以从整体上向农户提供更加科学的种植决策理论依据。

(三)"智慧农业"的意义

我国是农业大国，而非农业强国。近 30 年来水果高产量主要依靠农药、化肥的大量投入，大部分化肥和水资源没有被有效利用，导致大量养分损失并造成环境污染。我国农业生产仍然以传统生产模式为主，传统耕种只能凭经验施肥灌溉，不仅浪费大量的人力物力，也对环境保护与水土保持构成严重威胁，给农业可持续性发展带来严峻挑战。"智慧农业"针对上述问题，利用实时、动态的农业物联网信息采集系统，实现快速、多维、多尺度的果园信息实时监测，并在信息与种植专家知识系统基础上实现智能灌溉、智能施肥与智能喷药等自动控制，突破果园信息获取困难与智能化程度低等技术发展瓶颈。

目前，我国大多数水果生产主要依靠人工经验精心管理，缺乏系统的科学指导。设施栽培技术的发展，对于农业现代化进程具有深远的影响。设施栽培为解决我国城乡居民消费结构和农民增收，为推进农业结构调整发挥了重要作用。温室种植已在农业生产中占有重要地位。要实现高水平的设施农业生产和优化设施生物环境控制，信息获取手段是最重要的关键技术之一。作为现代信息技术三大基础(传感器技术、通信技术和计算机技术)的高度集成而形成的无线传感器网络是一种全新的信息获取和处理技术。网络由数量众多的低能源、低功耗的智能传感器节点所组成，能够协作地实时监测、感知和采集各种环境或监测对象的信息，并对其进行处理，获得详尽而准确的信息，通过无线传输网络传送到基站主机以及需要这些信息的用户，同时用户也可以将指令通过网络传送到目标节点使其执行特定任务。

(四)"智慧农业"的作用

"智慧农业"能够有效改善农业生态环境。"智慧农业"将农田、畜牧养殖场、水产养殖基地等生产单位和周边的生态环境视为整体，并通过对其物质交换和能量循环关系进行系统、精密运算，保障农业生产的生态环境在可承受范围内。如定量施肥不会造成土壤板结，经处理排放的畜禽粪便不会造成水和大气污染，反而能培肥地力等。

"智慧农业"能够显著提高农业生产经营效率。基于精准的农业传感器进行实时监测，利用云计算、数据挖掘等技术进行多层次分析，并将分析指令与各种控制设备进行联动完成农业生产和管理。这种智能机械代替人的农业劳作，不仅解决了农业劳动力日益紧缺的问题，而且实现了农业生产高度规模化、集约化、工厂化，提高了农业生产对自然环境风险的应对能力，使弱势的传统农业成为具有高效率的现代产业。

"智慧农业"能够彻底转变农业生产者、消费者的观念和组织体系结构。完善的农业科技和电子商务网络服务体系，使农业相关人员足不出户就能够远程学习农业知识，获取各种科技和农产品供求信息。专家系统和信息化终端成为农业生产者的大脑，指导农业生产经营，改变了单纯依靠经验进行农业生产经营的模式，彻底转变了农业生产者和消费者对传统农业落后、科技含量低的旧观念。另外，"智慧农业"阶段，农业生产经营规模越来越大，生产效益越来越高，使小农生产被市场淘汰，必将催生以大规模农业协会为主体的农业组织体系。

二、农业云计算

国家对于发展云计算和物联网非常重视，以下一代互联网、三网融合、物联网、云计算为代表的新一代信息技术正在成为政策重点推动的对象。2011 年 12 月，中国电信云计算数据中心项目正式落户呼和浩特市，总投资预计达到 120 亿元。项目建成后，将向全社会提供云计算主机管理平台、云数据管理中心及云计算主机业务托管等相关的计算、存储及智能网络资源综合服务。发展云计算是我国信息产业赶超世界先进水平的重要机遇，也是农业、农村开展行业应用的重要机遇，同时也是发展信息农业与农业公共服务的需要。

从成功案例十分匮乏、技术和商务模式尚不成熟的初始阶段到应用案例逐渐丰富、越来越多的厂商开始介入，再到解决方案更加成熟、竞争格局基本形成，云计算的发展将大致经历市场引入、成长和成熟三个阶段，其演进时间可以追溯到 20 世纪 90 年代，它是分布式处理、并行处理和网格计算的进一步发展。

云计算被信息界公认为是第四次 IT 浪潮，其优势表现在以下几个方面：一是摆脱了摩尔定律的束缚，从提高服务器 CPU 的速度转向增加计算机的数量，从小型机走向集群计算机、分布式集群计算机，从而优化了计算机计算速度增长的方式。二是千万亿次超级计算机曙光"星云"具有大规模数据的计算能力，在新能源开发、新材料研制、自然灾害预警分析、气象预报、地质勘探和工业仿真模拟等众多领域发挥重要作用。三是具有大规模数据的存储能力，智能备份和监测使系统的稳定性大幅提高，宕机概率减少。四是以计时或计次收费的服务方式为客户提供 IT 资源，减免客户对于设备的大量采购，而且具有可伸缩的、分布式的设备扩充能力，大大节约了客户信息化建设成本。

将温室、果园、鸡舍等农业动植物生产的环境信息、生物体信息、农机设备设施信息、生产管理信息等实时地接入网络，特别是在无线条件下联结网络，可以方便地实现对动植物的管理，提高生产效益和产品质量。典型的应用有野外无线上网、移动视频诊断、无线温室监控等。担负实时监测功能的传感设备将产生海量的数据,需要更方便快捷的传输条件和更加智能的计算分析与处理能力,因此云计算对于农业物联网有着低成本、高效率的网络支持、存储支持、分析支持和服务支持的优势。

云计算将无线通信技术中的 GSM、CDMA、SCDMA 等高端通信基础所进行的通信连接,采用软件方式进行了优化,使得通信应用领域延伸到了无线视频会议系统、无线远程交互平台等。大量的多媒体数据负载及负载均衡服务器同样需要云计算的技术支撑,如农业专家远程视频诊断系统将所在地的作物图片、视频、音频、温湿度等参数上传到专家诊断平台服务器,专家通过查看农作物的病虫害样本图像,即可于千里之外进行现场诊断和指导。因此,农业物联网需要农业云计算的计算支撑,需要无线宽带的通道支撑,而无线宽带应用同时又需要云计算的存储支撑和计算支撑。

根据我国农业信息化的需求搭建和应用农业云计算基础服务平台,不但能够降低农业信息化的建设成本,加快农业信息服务基础平台的建设速度,还能够提升我国农业信息化的服务能力。根据我国农业发展的特点,农业云计算的应用,应当建设农业网站业务服务平台和无线终端农业服务平台,以实现农业农村信息资源海量存储、农产品质量安全追溯管理、农业农村信息搜索引擎、农业决策综合数据分析、农业生产过程智能监测控制和农业农村综合信息服务等功能。

三、农业大数据

农业大数据是融合了农业地域性、季节性、多样性、周期性等自身特征后产生的来源广泛、类型多样、结构复杂、具有潜在价值,并难以应用通常方法处理和分析的数据集合。它保留了大数据的基本特征,并使农业内部的信息流得到了延展和深化。

农业大数据是大数据理念、技术和方法在农业的实践。农业大数据涉及耕地、播种、施肥、杀虫、收割、存储、育种等各环节，是跨行业、跨专业、跨业务的数据分析与挖掘以及数据可视化。

农业大数据由结构化数据和非结构化数据构成。随着农业的发展建设和物联网的应用，非结构化数据呈现出快速增长的势头，其数量将大大超过结构化数据。

农业大数据的特性满足大数据的五个特性：一是数据量大（Volume），二是处理速度快（Velocity），三是数据类型多（Variety），四是价值大（Value），五是精确性高（Veracity）。

农业大数据包括以下几种：

一是从领域来看，以农业领域为核心（涵盖种植业、林业、畜牧业等子行业），逐步拓展到相关上下游产业（饲料生产、化肥生产、农机生产、屠宰业、肉类加工业等），并整合宏观经济背景的数据，包括统计数据、进出口数据、价格数据、生产数据、气象数据等。

二是从地域来看，以国内区域数据为核心，借鉴国际农业数据作为有效参考；不仅包括全国层面数据，还应涵盖省、市数据，甚至地市级数据，为精准区域研究提供基础。

三是从粒度来看，不仅应包括统计数据，还包括涉农经济主体的基本信息、投资信息、股东信息、专利信息、进出口信息、招聘信息、媒体信息、GIS坐标信息等。

四是从专业性来看，应分步实施，首先是构建农业领域的专业数据资源；其次应逐步有序规划专业的子领域数据资源。例如，针对生猪、肉鸡、蛋鸡、肉牛、奶牛、肉羊等专业监测数据。

第二节 手机在大田种植中的应用

大田种植物联网是物联网技术在产前农田资源管理、产中农情监测和精细农业作业以及产后农机指挥调度等领域的具体应用。大田种植物联网通过实时信息采集，对农业生产过程进行及时的管控，建立优质、高产、高效的农业生产管理模式，以确保农产品在数量上的供给和品质上的保证。

一、概述

（一）我国大田种植业的物联网技术需求

我国种植业发展正处于从传统向现代化种植业过渡的进程当中，急需用现代物质条件进行装备，用现代科学技术进行改造，用现代经营形式去推进，用现代发展理念引领。因此，种植业物联网的快速发展，将会为我国种植业发展与世界同步提供一个国际领先的全新的平台，为传统种植业改造升级起到推动作用。

种植业生产环境是一个复杂系统，具有许多不确定性，对其信息的实时分析是一个难点。随着种植业规模的不断提高，通过互联网获取有用信息以及通过在线服务系统进行咨询是未来发展趋势；未来的计算机控制与管理系统是综合性、多方位的，温室环境监测与自动控制技术将朝多因素、多样化方向发展，集图形、声音、影视为一体的多媒体服务系统是未来计算机应用的热点。

随着传感技术、计算机技术和自动控制技术的不断发展，种植业信息技术的应用将由简单的以数据采集处理和监测，逐步转向以知识处理和应用为主。

神经网络、遗传算法、模糊推理等人工智能技术在种植业中得到不同程度的应用，以专家系统为代表的智能管理系统已取得

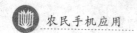

了不少研究成果，种植业生产管理已逐步向定量、客观化方向发展。

(二)我国种植业物联网技术特点

大田种植物联网技术主要是指现代信息技术及物联网技术在产前农田资源管理，产中农情监测和精准农业作业中应用的过程。其主要包括以土地利用现状数据库为基础，应用3S技术快速准确掌握基本农田利用现状及变化情况的基本农田保护管理信息系统；自动检测农作物需水量，对灌溉的时间和水量进行控制，智能利用水资源的农田智能灌溉系统；实时观测土壤墒情，进行预测预警和远程控制，为大田农作物生长提供合适水环境的土壤墒情监测系统；采用测土配方技术，结合3S技术和专家系统技术，根据作物需肥规律、土壤供肥性能和肥料效应，测算肥料的施用数量、施肥时期和施用方法的测土配方施肥系统；采集、传输、分析和处理农田各类气象因子，远程控制和调节农田小气候的农田气象监测系统；根据农作物病虫害发生规律或观测得到的病虫害发生前兆，提前发出警示信号、制定防控措施的农作物病虫害预警系统。

大田种植业所涉及的种植区域多为野外区域，农业区域有如下两个最大的特点：第一，种植区面积广阔且地势平坦开阔，以这种类型区的典型代表东北平原大田种植区为代表。第二，由于种植区域幅员辽阔，造成种植区域内气候多变。农业种植区的上述两个重要特点直接决定了传统农业中农业生产信息传输的技术需求。由于种植区面积一般较为广阔，造成物联网平台需要监控的范围较大，且野外传输受到天气等因素的影响传输信号稳定性成为关键。而农业物联网监控数据采集的频率和连续性要求并不太高，因此远距离的低速数据可靠性传输成为一项需求技术。且由于传输距离较远，数据采集单元较多，采用有线传输的方式往往无法满足实际的业务需求，也不切合实际，因此一种远距离低速数据无线传输技术成为了传统农业中农业信息传输需求的关键技术需求。

二、墒情监控系统

墒情监控系统建设主要含三大部分：一是建设墒情综合监测系统，建设大田墒情综合监测站，利用传感技术实时观测土壤水分、温度、地下水位、地下水质、作物长势、农田气象信息，并汇聚到信息服务中心，信息中心对各种信息进行分析处理，提供预测预警信息服务；二是灌溉控制系统，主要是利用智能控制技术，结合墒情监测的信息，对灌溉机井、渠系闸门等设备的远程控制和用水量的计量，提高灌溉自动化水平；三是构建大田种植墒情和用水管理信息服务系统，为大田农作物生长提供合适的水环境，在保障粮食产量的前提下节约水资源。系统包括：智能感知平台、无线传输平台、运维管理平台和应用平台。系统总体结构如图 7-1 所示。

墒情监控系统针对农业大田种植分布广、监测点多、布线和供电困难等特点，利用物联网技术，采用高精度土壤温湿度传感器和智能气象站，远程在线采集土壤墒情、气象信息，实现墒情（旱情）自动预报、灌溉用水量智能决策、远程/自动控制灌溉设备等功能。该系统根据不同地域的土壤类型、灌溉水源、灌溉方式、种植作物等划分不同类型区，在不同类型区内选择具有代表性的地块，建设具有土壤含水量、地下水位、降水量等信息自动采集、传输功能的监测点。

通过灌溉预报软件结合信息实时监测系统，获得作物最佳灌溉时间、灌溉水量及需采取的节水措施为主要内容的灌溉预报结果，定期向群众发布，科学指导农民实时实量灌溉，从而达到节水目的。

该设备可实现对灌区管道输配水压力、流量均衡及调节技

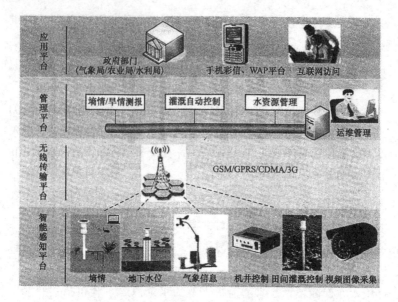

图 7-1　墒情监控系统总体结构图

术，实现灌区管道输配水关键调控设备（设施），并完成监测。

第三节　手机在设施农业中的应用

随着人们生活水平的提高，人们对农产品要求的提高也与日俱增，因此设施农业的发展就上升到一定的高度。在实现高产、高效、优质、无污染等方面，设施农业技术的发展可有效解决这些问题。近年来，我国以塑料大棚和日光温室为主体的设施农业迅速发展，但仍存在生产水平和效益低下、科技含量低、劳动强度大等问题，因此设施农业的技术改进迫在眉睫。设施农业可以有效地提高土地的使用效率，因此在我国得到快速发展。物联网和设施农业的融合，也使设施农业的发展迎来了春天，物联网在信息的感知、互联、互通等方面有着极大的优势，因此可有效实现设施农业的智能化发展。本节主要介绍设施农业物联网的监控系统、功能、病虫害预测预警系统，以及在重要领域的应用，以便读者对设施农业物联网有一个全面的认知。

一、设施农业的概述

设施农业是一种新型的农业生产方式，主要通过借助温室及相关配套装置来适时调节和控制作物生长环境条件。设施农业融合特定功能的工程装备技术、管理技术及生物信息技术等，用来控制作物局部生长环境，为农、林、牧、副、渔等领域提供相对可控的环境条件，如温湿度、光照等环境条件。智能控制相较于人工控制的最大好处是可维持相对稳定的局部环境，减少因自然因素造成的农业生产损失。设施农业因其采用了大量的传感器如温湿度、光照等传感器，摄像头、控制器等，加之又融合 3G 网络技术，使得设施农业智能化程度飞速提升，在保证作业质量的前提下有效地提高了工作效率。

二、设施农业物联网监控系统

设施农业物联网以全面感知、可靠传输和智能处理等物联网技术为支撑和手段，以自动化生产、最优化控制和智能化管理为主要生产方式，是一种高产、高效、低耗、优质、生态、安全现代化农业发展模式与形态。主要由设施农业环境信息感知、信息传输和信息处理这 3 个环节构成（组成结构如图 7-2 所示）。各个环节的功能和作用如下：

（1）设施农业物联网感知层。设施农业物联网的应用一般对温室生产的 7 个指标进行监测，即通过土壤、气象和光照等传感器，实现对温室的温、水、肥、电、热、气和光进行实时调控与记录，保证温室内有机蔬菜和花卉在良好环境中生长。

（2）设施农业物联网传输层。一般情况下，在温室内部通过无线终端，实现实时远程监控温室环境和作物长势情况。手机网

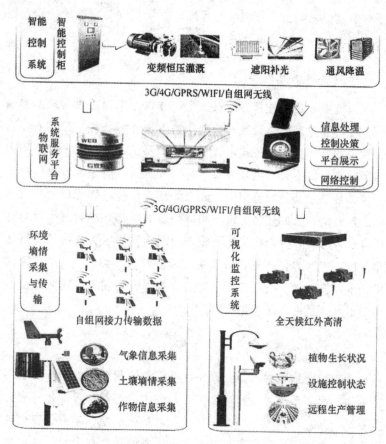

智能控制系统　智能控制柜　变频恒压灌溉　遮阳补光　通风降温

3G/4G/GPRS/WIFI/自组网无线

系统服务平台　物联网　信息处理　控制决策　平台展示　网络控制

3G/4G/GPRS/WIFI/自组网无线

环境墒情采集与传输　可视化监控系统

自组网接力传输数据　全天候红外高清

气象信息采集　土壤墒情采集　作物信息采集　植物生长状况　设施控制状态　远程生产管理

图 7-2　设施农业物联网监控系统

络或短信是一种常见的获取大田传感器所采集信息的方式。

（3）设施农业物联网智能处理层。通过对获取的信息的共享、交换、融合，获得最优和全方位的准确数据信息，实现对设施农业生产过程的决策管理和指导。结合经验知识，并基于作物长势和病虫害等相关图形图像处理技术，实现对设施农业作物的长势预测和病虫害监测与预警功能。各温室的局部环境状况可通过监控信息输送到信息处理平台，这样可有效实现室内环境的可知可控。

三、设施农业物联网应用系统的功能

(一)设施农业物联网应用系统的便捷功能

农户可以随时随地通过自己的手机或者计算机访问到这个平台，可以看到自己家温室的温度和湿度及各项数据。这样农户就不用随时担心温室的温度、湿度、水分等。

(二)设施农业物联网应用系统的远程控制功能

远程控制功能，对于一些相对大的温室种植基地，都会有电动卷帘和排风机等，如果温室里有这样的设备就可以自动地进行控制。例如，当室外问题低于15℃时温室设备就会自动监测到，这时就会控制卷帘放下，设定好这样的程序之后系统会自动控制卷帘，并不需要农户亲自到温室进行操作，极大地方便了农户对温室进行管理。在温室的设备上设置摄像头，摄像头可以帮助农民与专家进行诊断对接，这样既可以方便农户咨询问题，也可以让专家为更多的农户服务。例如，发生特殊病虫害，农户可以将其拍下来转给专家，专家再来提供服务，流程非常简单且易于操作。

(三)设施农业物联网应用系统的查询功能

农户可以通过查询功能随时随地用移动设备登录查询系统，可以查看温室的历史温度曲线，以及设备的操作过程。查询系统还有查询增值服务功能，当地惠农政策、全国的行情、供求信息、专家通道等，实现有针对性的综合信息服务，历史温湿度曲线就是每天都是这样的规律，当规律打破出现异常的时候，它会立刻得到报警，报警功能需要预先设定适合条件的上限值和下限值，超过限定值后，就会有报警响应。

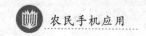

第四节 手机在果园农业中的应用

果园农业物联网是农业物联网非常重要的应用领域，其采用先进传感技术、果园信息智能处理技术和无线网络数据传输技术，通过对果园种植环境信息的测量、传输和处理，实现对果园种植环境信息的实时在线监测和智能控制。这种果园种植的现代化发展，大大减轻了果园管理人员的劳动量，而且可以实现果园种植的高产、优质、健康和生态。

一、概述

我国是一个传统的农业大国，果树的种植区域分布广泛，环境因素各不相同，且存在环境的不确定性。传统的果树种植业一般是靠果农的经验来管理的，无法对果树生长过程中的各种环境信息进行精确检测，而且果树种植具有较强的区域性，在不进行有效的环境因子测量的情况下，果树生长的统一集中管理难以进行。

随着现代传感器技术、智能传输技术和计算机技术的快速发展，果园的土壤水分、温度和营养信息将会快速准确地传递给人们，同时经过计算机的处理，以指导实际管理果园的生产过程。

因此，在果园信息管理中引入物联网技术，将帮助我们提高该果园的信息化水平和智能化程度，最终形成优质、高效、高产的果园生产管理模式。

二、果园环境监测系统

果园环境监测系统主要实现土壤、温度、气象和水质等信息自动测量和远程通信。监测站采用低功耗、一体化设计，利用太阳能供电，具有良好的果园环境适应能力。果园农业物联网中心基础平台上，遵循物联网服务标准，开发专业果园生态环境监测应用软件，给果园管理人员、农机服务人员、灌溉调度人员和政府领导等不同用户，提供天气预报式的果园环境信息预报服务和环境在线监管与评价服务。图 7-3 为果园环境监测系统。

图 7-3　果园环境监测设备

果园环境数据采集主要包含两个部分：视频信息的数据采集和环境因子的数据采集。主要构成部分有气象数据采集系统，土壤墒情检测系统，视频监控系统和数据传输系统。可以实现果园环境信息的远程监测和远距离数据传输。

土壤墒情监测系统主要包括土壤水分传感器、土壤温度传感器等，是用来采集土壤信息的传感器系统。气象信息采集系统包括光照强度传感器、降水量传感器、风速传感器和空气湿度传感器，主要用于采集各种气象因子信息。视频监控系统是利用摄像头或者红外传感器来监控果园的实时发展状况。

数据传输系统主要由无线传感器网络和远程数据传输两个模块构成，该系统的无线传感网络覆盖整个果园面积，把分散数据

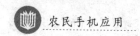

农民手机应用

汇集到一起，并利用 GPRS 网络将收集到的数据传输到数据库。图 7-4 为果园环境监测系统示意图。

图 7-4　果园环境监测系统示意图

三、果园害虫预警系统

农业病虫害是果树减产的重要因素之一，科学地监测、预测并进行事先的预防和控制，对作物增收意义重大。

传统的果园环境信息监控一般是靠果农的经验来收集和判断的，但是果农的经验并不都一样丰富，因而不是每一个果农都能准确地预测果园的环境信息，从而造成误判或者延误，使果园造成不必要的损失。基于此开发一种果园害虫预警系统显得尤为重要。

基于物联网的果园害虫预警系统主要包含视频采集模块、无线网络传输系统及数据管理与控制系统 3 个组成部分，可以实时对果园的环境进行监控，并对监控视频进行分析，一旦发现害虫且达到一定程度时立即触发报警系统，从而使果园管理人员及时发现害虫，并且快速给出病虫诊断信息，准确地做出应对虫害的措施，避免果园遭受经济损失。

视频采集模块由红外摄像探头传感器、高清摄像探头传感器和视频编码器组成。为适应系统运行环境和便于建成后的管理，设计时采用了无线移动通信，通过 GPRS 模块来完成远程数据的传输。数据管理和控制系统主要由计算机完成。图 7-5 为果园害虫预警系统结构示意图。

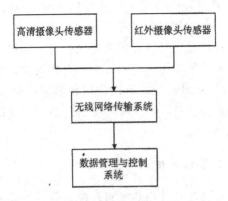

图 7-5　果园害虫预警系统结构示意图

第五节　手机在畜禽农业中的应用

物联网技术是指采用先进传感技术、智能传输技术和信息处理技术，实现对事物的实时在线监测和智能控制。近年来，畜禽业也开始引进物联网技术，通过对畜禽养殖环境信息的智能感知，快速安全传输和智能处理，人们可以实时了解畜禽养殖环境内的信息，并且在计算机的帮助下，实现畜禽养殖环境信息实时监控，精细投喂，畜禽个体状况监测、疾病诊断和预警、育种繁殖管理。畜禽养殖物联网为畜禽营造相对独立的养殖环境，彻底摆脱传统养殖业对管理人员的高度依赖，最终实现集约、高产、高效、优质、健康、生态和安全的畜禽养殖。

一、概述

我国的畜禽养殖产量位居世界第一。随着国家经济的发展、人民生活水平的不断提高，畜禽产品的消费量也在快速增长。畜禽养殖业的规模不断扩大，吸引了大量农村剩余劳动力，增加了农民的经济收入，畜禽养殖在农业总产值中所占比例越来越大。

现代畜禽养殖是一种高投入、高产出、高效益的集约化产业，资本密集型和劳动集约化是其基本特征。与发达国家相比，我国畜禽养殖的集约化主要表现为劳动集约化，目前已随着经济的发展，劳动集约化已经开始向资本集约化方向过渡。但是，这种集约化的产业也耗费了大量的人力和自然资源，并在某种程度上对环境造成了负面影响。通过使用物联网可以合理地利用资源，有效降低资源消耗，减少对环境的污染，建成优质、高效的畜禽养殖模式。

二、畜禽物联网养殖环境监控系统

设计与开发畜禽养殖环境控制系统，需要了解系统内各个环境要素之间的相互关系：当某个要素发生变化，系统能自动改变和调整相关参数，从而创造出合适的环境，以利于动物的生长和繁殖。

针对我国现有的畜禽养殖场缺乏有效信息监测技术和手段，养殖环境在线监测和控制水平低等问题，畜禽养殖环.境监控系统采用物联网技术，实现对畜禽环境信息的实时在线监测和控制。

在具体设计与开发畜禽养殖环境控制系统过程中，将系统划分为畜禽养殖环境信息智能传感子系统、畜禽养殖环境信息自动传输子系统、畜禽养殖环境自动控制子系统三个部分。

（一）智能传感子系统

畜禽养殖环境信息智能传感子系统是整个畜禽养殖物联网系统最底层的设施，它主要用来感知畜禽养殖环境质量的优劣，如冬天畜禽需要保温，夏天需要降温，畜舍内通风不畅，温湿度、粉尘浓度、光照、二氧化碳、硫化氢和氨气等是否达到最佳指标。通过相应的专门的传感器来采集这些环境信息，将这些信息转变为电信号，以方便进行传输、存储、处理。它是实现自动检测和自动控制的首要环节。图 7-6 为畜禽环境信息采集结构示意图。

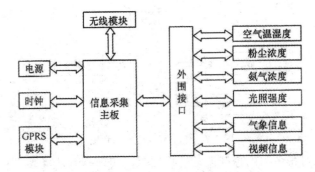

图 7-6　畜禽环境信息采集结构示意图

（二）自动传输子系统

畜禽养殖环境信息自动传输子系统通过有线和无线相结合的方式，将收集到的信息进行上传，即将上方的控制信息传递到下方接收设备。

目前，图像信息传输在畜禽养殖生产中也有着迫切的需求，它可以为病虫害预警、远程诊断和远程管理提供技术支撑。为有效保证图像、视频等信息传输的质量和实际应用效果，采用在圈舍内建设有线网络来配合视频监控传输，将视频数据发送到监控中心，可以实现远程查看圈舍内情况的实时视频，并可对圈舍指定区域进行图像抓拍、触发报警、定时录像等功能。

传输层实现采集信息的可靠传输。为增加信息传输的可靠性，传输层设计采用了多路径信息传输工作模式。传输节点是传输层的链本结构单元，点对点传输是信息传输的基本工作形式，多节点配合实现信息的多跳远程传输。根据传输节点基本功能，设计传输节点结构如图 7-7 所示。

（三）自动控制子系统

控制层在分析采集信息的基础上，通过智能算法及专家系统完成畜禽养殖环境的智能控制。控制设备主要采用并联的方式接入主控制器，主控制器可以实现对控制设备的手动控制。根据畜舍内的传感器检测空气温度、湿度、二氧化碳、硫化氢和氨气等

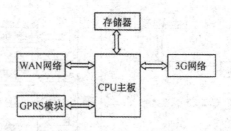

图 7-7 传输节点结构示意图

参数，对畜舍内的控制设备进行控制，实现畜舍环境参量获取和自动控制等功能。图 7-8 为畜禽养殖环境控制系统结构示意图。

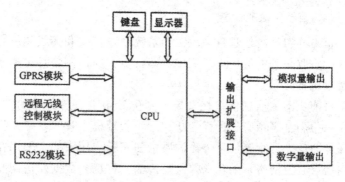

图 7-8 畜禽养殖环境控制系统结构示意图

第六节 手机在水产农业中的应用

　　水产农业物联网是现代智慧农业的重要应用领域之一，它采用先进的传感网络、无线通信技术、智能信息处理技术，通过对水质环境信息的采集、传输、智能分析与控制，来调节水产养殖水域的环境质量，使养殖水质维持在一个健康的状态。物联网技术在水产养殖业中的应用，改变了我国传统的水产养殖方式，提高了生产效率、保障了食品安全，实现水产养殖业生产管理高效、生态、环保和可持续发展。

一、概述

我国是水产养殖大国，同时又是一个水产弱国，因为目前我国水产养殖业主要沿用消耗大量资源和粗放式经营的传统方式。这一模式导致生态失衡和环境恶化的问题已日益显现，细菌、病毒等大量滋生和有害物质积累给水产养殖业带来了极大的风险和困难，粗放式养殖模式难以持续性发展，这一模式越强化，所带来的环境状况、养殖业在生产条件及经济效益等越差。

随着科技发展，我国的水产养殖已经从传统的粗放养殖逐步发展到工厂集约化养殖，环境对水产养殖的影响越来越大，对水产养殖环境监控系统的研究也越来越多。目前，水产养殖环境监控系统的研究主要集中在分布式计算机控制系统，但由于大多数养殖区分布范围较广、环境较为恶劣，有线方式组成的监督网络势必会产生很多问题，如价格昂贵、布线复杂、难以维护等，难以在养殖生产中大规模使用。无线智能监控系统不但可以实现对养殖环境的各种参数进行实时连续监测、分析和控制，而且减少了布线带来的一系列问题。

水产养殖环境智能监控通过实时在线监测水体温度、pH、溶氧量(Dissolved Oxygen，DO)、盐度、浊度、氨氮、化学需氧量(Chemical Oxygen Demand，COD)、生化需氧量(Biochemical Oxygen Demand，BOD)等对水产品生长环境有重大影响的水质参数、太阳辐射、气压、雨量、风速、风向、空气温湿度等气象参数，在对所检测数据变化趋势及规律进行分析的基础上，实现对养殖水质环境参数预测预警，并根据预测预警结果，智能调控增氧机、循环泵等养殖设施，实现水质智能调控，为养殖对象创造适宜水体环境，保障养殖对象健康生长。

二、水产农业物联网的总体架构

要实现水产养殖业的智能化，首先必须保证养殖水域的水质质量，这就需要各种传感器来采集水质的参数；其次，采集到的信息要实时、可靠地传输回来，这就需要无线通信技术的支持；最后，利用传输的数据分析、决策和控制，这就需要计算机处理系统来完成。

根据以上所需的技术支持，水产农业物联网的结构和一般物联网的结构大致一样，即分为感知层、传输层和应用层3个层次。图7-9为水产农业物联网系统结构示意图。

（一）感知层

感知层由各种传感器组成，如温度、pH、DO、盐度、浊度、氨氮、COD、BOD等传感器。这些传感单元直接面向现场，由必要的硬件组成 SgBee 无线传感网络，网络由传感器节点、簇头节点、汇聚节点及控制节点组成。

采用簇状拓扑结构的无线传感网，对于大小相似、彼此相对独立的养殖池来说是较为合适的。通过设备商提供的接口函数，将每个鱼池中的若干传感器节点设置组成一个簇，并且设置一个固定的簇头。传感器节点只能与对应的簇头节点通信，不能与其他节点进行数据交换。簇头之间可以相互通信转发信息，各簇头通过单跳或多跳的方式完成与汇聚节点的数据通信，汇聚节点通过 RS-232/485 总线与现场监控计算机进行有线数据通信。

（二）传输层

传输层的功能是应用完成感知层和数据层之间的通信。传输层的无线传感网络包括无线采集节点、无线路由节点、无线汇聚节点及网络管理系统，采用无线射频技术，实现现场局部范围内信息采集传输，远程数据采集采用 3G、GPRS 等移动通信技术，无线传感网络具有自动网络路由选择、自诊断和智能能量管理功能。

（三）应用层

应用层的功能是提供所有的信息应用和系统管理的业务逻辑。它分解业务请求，在应用支撑层的基础上，通过使用应用支撑层提供的工具和通用构件进行数据访问和处理，并将返回信息

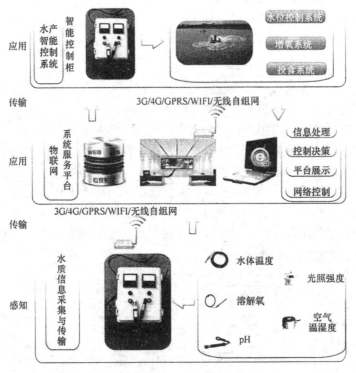

图 7-9 水产农业物联网系统结构示意图

组织成所需的格式提供给客户端。应用层为水产养殖物联网应用系统（四大家鱼养殖物联网系统、虾养殖物联网系统、蟹养殖物联网等）提供统一的接口，为用户（包括养殖户、农民合作组织、养殖企业、农业相关职能部门等用户）提供系统入口和分析工具。

三、水产养殖环境监测系统

在大规模现代化水产养殖中，水质的好坏对水产品的质量、效率、产量有着至关重要的影响。及时了解和调整水体参数，形成最佳的理想环境，使其适合动物的生长。

目前，对水质的监控已初步完成对养殖水体的多个理化指标，如温度、盐度、溶解氧含量、pH、氨氮含量、氧化还原电位、亚硝酸盐、硝酸盐等进行自动监测、报警,并对水位、增氧、投饵等养殖系统进行自动控制及水产工厂化养殖多环境因子的远程集散监控系统。

(一)环境监测系统结构

水产养殖水质在线监测系统由传感器、无线网络、计算机数据处理 3 个层次组成,系统总体结构如图 7-10 所示。最底层是数据采集节点,采用分布式结构,运用多路传感器采集温度、pH、溶氧量、氨氮浓度和水位等养殖水体参数数据,并将采集到的数据转换成数字信号,通过 ZigBee 无线通信模块将数据上传;中间层是中继节点,中继节点负责接收数据采集节点上传的数据,并通过 GPRS 无线通信模块将数据上传至监控中心,管理人员对养殖区进行远程监测,可以减轻监控人员的劳动强度,使水产养殖走上智能化、科学化的轨道。

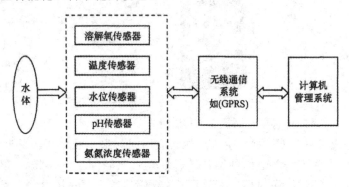

图 7-10　水产养殖环境监测系统结构示意图

(二)智能水质传感器

智能传感器(intelligent sensor)是具有信息处理功能的传感器。智能传感器带有微处理机,具有采集、处理、交换信息的能力,是传感器集成化与微处理机相结合的产物。一般智能机器人的感觉系统由多个传感器集合而成,采集的信息需要计算机进行处理,而使用智能传感器就可将信息分散处理,从而降低成本。与一般传感器相比,智能传感器具有以下 3 个优点:通过软件技术可实现高精度的信息采集，而且成本低；具有一定的编程自动化能力；功能多样化。

（三）无线增氧控制器

无线增氧控制器是实现增氧控制的关键部分，它可以驱动叶轮式、水车式和微孔曝气空压机等多种增氧设备。

（四）无线通信系统

无线传感网络可实现 2.4 GHz 短距离通信和 GPRS 通信，现场无线覆盖范围为 3 千米；采用智能信息采集与控制技术，具有自动网络路由选择、自诊断和智能能量管理功能。

每个需要监测的水域内布置若干个数据采集节点和中继节点，数据采集节点上的多路传感器分别对所监测区域内的水体温度、pH、溶氧量、氨氮浓度、水位等水体参数信息进行采集，采集到的数据被暂存在扩展的存储器中，数据采集节点的微控制器对数据进行处理后将其上传给中继节点。

当中继节点接收到数据采集节点发送的数据后，通过处理器对数据进行校验，所得到的参数会在液晶屏上进行显示，现场的工作人员可以通过按键查看水体参数值。中继节点通过 GPRS 模块将水体参数数据转发至监控中心并响应监控中心发出的指令，完成与监控中心的通信。此外，中继节点会对水体参数进行阈值判断，一旦超出阈值，中继节点会发出现场报警信号，同时还会通过短信通知工作人员，提醒工作人员及时进行处理。

监控中心会对所有收到的数据进行再处理、分析、存储和输出等。工作人员可以在监控中心界面上手动修改系统参数，自行选择要查看的区域及参数类型。监控中心界面会显示数据曲线图，用户可以在即时数据和历史数据之间进行切换，所有的数据都可以以 Excel 格式输出到个人计算机，方便数据的转存和打印。

每个区域的数据采集节点和中继节点之间采用网状网络拓扑结构组建数据无线传输网络，当节点有入网请求时，网络会自动进行整个网络的重建。系统无故障时，数据采集节点和中继节点不会一直处于工作状态，系统会在一次数据传输结束后，设置它

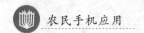

们进入休眠状态，可定时唤醒。通过这种方式，能够降低电能损耗，延长电池工作时间。系统的每个节点都设有电源管理模块，可以监测电池电量。当电量低于阈值时，系统就会发出报警信号，提醒用户更换电池。数据采集节点、中继节点和监控中心构成一个有机整体，完成整个水产养殖区域内水质参数的在线监测。

四、水产养殖精细投喂系统

饲料投喂方法的好坏对水产养殖非常重要，不当的投喂方法可能导致资源的浪费，而饲料过多是导致水质富营养化的重要原因，对养殖水域造成污染，带来不必要的经济损失。

精细喂养决策是根据各养殖品种长度与重量关系，通过分析光照度、水温、溶氧量、浊度、氨氮、养殖密度等因素与鱼饲料营养成分的吸收能力、饵料摄取量关系，建立养殖品种的生长阶段与投喂率、投喂量间定量关系模型，实现按需投喂，降低饵料损耗，节约成本。

五、水产养殖疾病预防系统

随着我国工业化的不断发展，水污染已经成为困扰人们生存与发展的重要制约因素。水污染严重影响了水体的自我净化能力、水生物的生存状况、人们的健康，同时这也是导致动物疾病的"罪魁祸首"。其中，有机污染物是引起水质污染的常见原因。

有机物污染是指以碳水化合物、蛋白质、氨基酸等形式出现的天然有机物质和能够进行生物分解的人工合成有机物质的污染物。其长期存在于环境中，对环境和人类健康具有消极影响。通常将有机污染物分为天然有机污染物及人工合成有机污染物。天然有机污染物主要是由生物体的代谢活动及化学过程产生的，主要有黄曲霉毒素、氨基甲酸乙酯、麦角、细辛脑和草蒿脑等。人工合成有机污染物主要由现代化学工业产生的，包括塑料、合成纤维、洗涤剂、燃料、溶剂和农药等。

利用专家调查方法，确定集约化养殖的主要影响因素为溶氧量、水温、盐度、氨氮、pH 等水环境参数为准的预测预警。通过传感器采集的各参数信息，物联网应用层对数据进行分析，实时监测水环境，并以短消息的方式发送到养殖管理人员手机上，及时给予预警。

六、水产农业物联网应用实例

南美白对虾养殖风险较大，究其原因主要是缺乏精准监测与智能调控装备，尤其在高密度养殖的环境中，溶解氧是最容易导致对虾大面积死亡的因素，缺氧容易导致对虾窒息，富氧又容易导致水体病菌增加，容易感染病害。因此，本系统研发了水质在线监测系统与自动化调控装备，实现鱼塘水质在线监测与调控，并在杭州进行应用示范。

(一)鱼塘水质信息与环境监测设备

共挑选比较具有代表性的 12 个鱼塘作为示范区，每 3 个鱼塘安装一个信息采集设备，每个采集设备上安装有溶解氧传感器、pH 传感器、氨氮传感器、水温传感器及光照、空气温度、空气温度传感器。每个采集设备均由太阳能供电，每个设备均使用无线传输。无线将信息传输到管理中心，管理中心再根据接收到的信号发布反馈控制信号，执行自动增氧、智能报警等操作，如图 7-11 所示。

(二)信息采集方案

每 3 个鱼塘安装一个水质信息与环境监测设备。每个设备均通过无线通信方式与监控中心通信。每个设备不仅具备信息采集和无线发送功能，而且具有无线自组网功能。采集设备在安装好后可以自行进行智能组网，以最低功耗和最高效率将信息传输到监控中心。组网通信方式如图 7-12 所示。

(三)鱼塘自动增氧与换水的智能控制方案

在南美白对虾的养殖过程中，养殖户所承担的最大风险是鱼

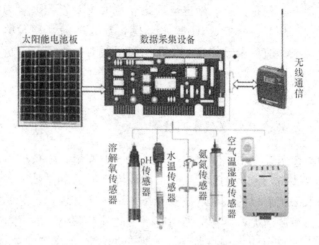

图 7-11　鱼塘水质与环境信息采集设备的构成

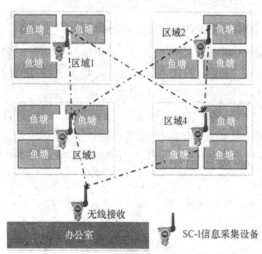

图 7-12　水产信息物联网信息采集示意图

塘溶氧量问题。成年或快成年的南美白对虾耗氧量大，若不及时增氧则可能造成短时间内整个鱼塘的虾全部因缺氧死亡，对养殖户造成巨大的经济损失。本项目针对该情况设计的控制方案如图7-13 所示。监控中心控制指令主要根据实时接收到的鱼塘物联网信息作为控制依据，根据养殖经验数据作为控制参数，控制指令通过无线通信发送给控制器。控制器根据控制命令执行自动增氧与自动排水、给水操作，实现自动增氧与自动换水功能，其原理如图 7-13 所示。

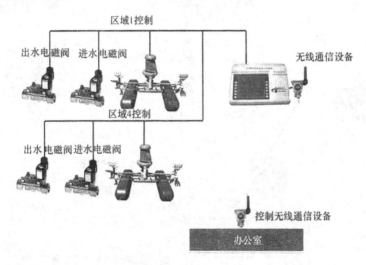

图 7-13　物联网鱼塘自动增氧与自动换水控制示意图

（四）养殖园区可视化实施方案

水产养殖园区的可视化为园区管理提供了非常便利的管理模式。本项目可视化设计方案为，利用 3 个枪型摄像机监测园区特定视角位置，利用一个球机（360°旋转、27 倍变焦）作为园区全景监控设备。球机可以手动控制旋转和放大变焦，也可以自动运行，自动全景 360°扫描，具体方案如图 7-14 所示。

（五）系统应用示范

将上述技术与装备应用于杭州明朗农业开发有限公司养殖基地，实现在线、离线的自动化信息监测与自动控制，如图 7-15 和图 7-16 所示。

现代养殖业是现代农业的主要组成部分，现代养殖业的内涵不再单纯意味着养殖过程的现代化，已经演变为基础设施现代

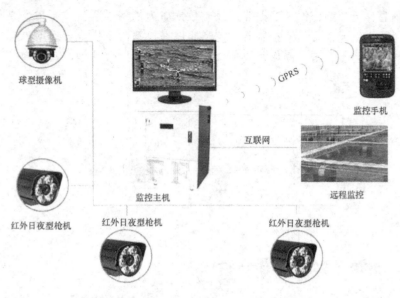

图 7-14　养殖园区可视化方案示意图

图 7-15　水产养殖信息监测与智能化调控系统实物图

化、经营管理现代化、生活消费现代化、资源环境现代化和科学技术现代化等多个方面，而无论哪个方面要实现现代化都离不开现代的科学技术，尤其是现代信息技术。

畜禽农业物联网系统是利用传感器技术、无线传感网络技术、自动控制技术、机器视觉和射频识别等现代信息技术，对畜禽养殖环境参数进行实时的监测，并根据畜禽生长的需要，对畜禽养殖环境进行科学合理的优化控制，实现畜禽环境的自动监

图 7-16 工厂化养殖

控、精细投喂、育种繁育和数字化销售管理。

第七节 手机在农产品安全溯源系统中的应用

农产品加工业是以人工生产的农业物料和野生动植物资源为原料，进行工业生产活动的总和。广义上是指以人工生产的农业物料和野生动植物资源及其加工品为原料进行的工业生产活动；狭义上是指以农、林、牧、渔产品及其加工品为原料进行的工业生产活动。农产品加工使农业生产资源由低效益行业向高效益行业转换，由低生产率向高生产率转移，进而延伸了整个农业产业链。它作为生产的范畴，通过对农产品的初、深、精、细等不同层次的加工，可使农产品多次增值，同时使各种资源得到综合利用。

一、农产品加工物联网的总体架构

在农产品加工过程中，感知层主要为二维码、RFID 农产品

农民手机应用

标识信息获取、加工环境监控等方面，具体应用如图 7-17 所示。

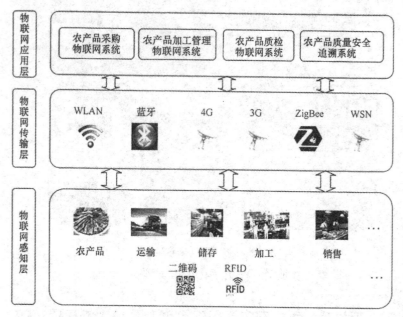

图 7-17　农产品加工物联网的总体架构

二、农产品物流物联网系统总体架构

物联网是通过以感知技术为应用的智能感应装置采集物体的信息，把任何物品与互联网连接起来，通过传输网络，到达信息处理中心，最终实现物与物、人与物之间的自动化信息交互与处理的智能网络。它包括感知层、传输层和应用层 3 个层次。农产品物流物联网整体技术架构如图 7-18 所示。

（一）农产品物流物联网感知层

感知层主要包括传感器技术、RFID 技术、二维码技术、多媒体（视频、图像采集、音频、文字）技术等。主要是识别物体，采集信息，与人体结构中皮肤和五官的作用相似。具体到农产品流通中，就是识别和采集在整个流通环节中农产品的相关信息。

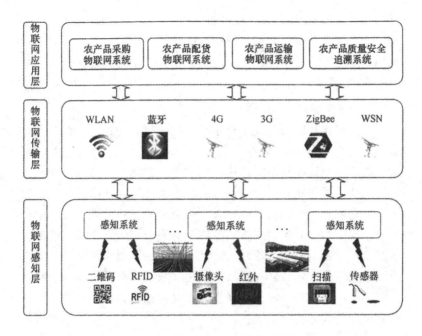

图 7-18　农产品物流物联网整体技术架构

　　在农产品物流中产品识别、追溯方面，常采用 RFID 技术、条码自动识别技术；在分类、拣选方面，常采用 RFID 技术、激光技术、红外技术、条码技术等；在运输定位、追踪方面，常采用 GPS 定位技术、RFID 技术、车载视频识别技术；在质量控制和状态感知方面，常采用传感器技术（温度、湿度等）、RFID 技术和 GPS 技术。

　　（二）农产品物流物联网传输层

　　网络层包括通信与互联网的融合网络、网络治理中心、信息中心和智能处理中心等。网络层将感知层获取的信息进行传递和处理，类似于人体结构中的神经中枢和大脑。在一定区域范围内的农产品物流管理与运作的信息系统，常采用企业内部局域网技术，并与互联网、无线网络接口；在不方便布线的地方，采用无线局域网络；在大范围农产品物流运输的管理与调度信息系统，常采用互联网技术和 GPS 技术相结合的方式；在以仓储为核心的物流中心信息系统，常采用现场总线技术、无线局域网技术和局域网技术等网络技术；在网络通信方面，常采用无线移动 356 通信技术、3G 技术和 M2M 技术等。

（三）农产品物流物联网应用层

应用层是物联网与行业专业技术的深度融合，与行业需求结合实现行业智能化，这类似于人的社会分工，终极构成人类社会。农产品流通物联网感知信息的获取、存储等云基础处理，采购、配送、运输物联网感知信息云应用服务和农产品流通信息服务云软件服务 3 个层面，构建农产品物流信息云处理系统、电子交易信息云服务系统、配货信息云服务系统、运输信息云服务系统和农产品流通信息服务系统，进行农产品流通物联网云计算资源的开发与集成，建立农产品物流物联网云计算环境及应用技术体系。面向农产品流通主体提供云端计算能力、存储空间、数据知识、模型资源、应用平台和应用软件服务，提高农产品物流信息的采集、管理、共享、分析水平，实现农产品流通要素聚集、信息融合，促进农产品物流产业链条的快速形成和拓展。

模块八　手机的安全使用

第一节　手机上网的风险

用户通过手机进行理财就避免不了使用网络服务，而手机一旦联网，就会产生一些特有的风险。一般情况下，手机上网的三大风险来源于无线网络、钓鱼网站及恶意软件。

一、无线网络盗取资料

凡是不需要密码直接接入，用户传输的数据内容都容易被黑客截获。如果在咖啡厅、商场、酒店、机场等各种公开场所，搜索到一个无需密码的免费无线网络（WiFi），最好是弃之不理，绕道而行。因为，它很可能是伪装成羊的狼，来盗取用户的资料。

通过 WiFi 钓鱼并不难，黑客可能去一些公共场所（如咖啡厅）建立一个不加密的移动热点（无线访问接入点），以"咖啡厅"这样诱惑性名称误导用户。用户如果用手机连接该热点，将导致自己手机中的重要资料被盗。

一般来说，普通用户手机上网使用的网络传输协议主要有以下两种：

（1）HTTP：超文本传送协议，该协议是加密协议。

（2）HTTPS：HTTP 的安全版，该协议则是明文的。

在公共 WiFi 环境下通过 HTTP 访问网站，存在被盗取信息的潜在风险。据悉，HTTPS 传输要求客户端和服务器端都加密，

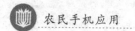

但目前很多手机并不支持解密，而且，通过 HTTPS 上网速度很慢，但网络资源消耗却很大。

众多用户共用一个带密码的 WiFi 也并非安全，其链接基本上分为两个过程：接入"WLAN 网络"和对外链接公网，此时混入用户中的黑客同样可以"偷窥"其他人的信息。

无论用户外接公共 WiFi 网络，还是在家里、办公室使用未加密的 WiFi 网络，都可能面临安全风险。不过谈 WiFi 色变也无必要，加密的 WiFi 安全性较高，而运营商提供的 WiFi 网络开启二层隔离功能，以减少同一 AP（热点）下的用户（黑客），通过 AP进行相互攻击的可能性，增加了无线网络的安全性。因此，在公共地方使用无线上网，还需要有密码。

不过有信息技术人员认为，加密的 WiFi 还是比较安全的，运营商的 WiFi 采用的是电信运营级的网络设备，性能较普通小商家采用家庭级设备稳定。另外，通过 Portal、Web＋HTTPS，动态密码等保证用户认证上网的账户安全。即便是黑客与正常用户使用同一个 WiFi 网络，AP 也已开启二层隔离功能，隔离同一个 AP 下所有用户的连接，控制黑客通过 WiFi 窃听和连接用户终端的行为。

当然，如果用户一定要用未加密 WiFi，若已有应用是登录状态，需先退出，清除掉缓存，同时不要做任何登录账户输入密码的行为。

二、钓鱼网站诈骗钱财

不法分子通过钓鱼网站诈骗钱财，是最常见的一种上网风险。用户不能轻信淘宝旺旺、QQ 等 IM（即时通信）工具里弹出的URL（网页地址）。因为，使用手机 WAP 浏览 URL，会直接暴露用户名和密码等信息，对用户很不安全。

交易平台类型的手机网站，如手机银行、淘宝等，最有可能被钓鱼网站利用，盗取用户信息，骗取钱财。某些网店乍一看是正常销售商品，然后通过 IM 工具与手机用户沟通，并在 IM 里弹出 URL。看起来正常的网址实际是伪造，将用户带到假网站上交易，让用户输入账号、密码操作。

对此类风险，用户应该自己多加留意，虽然一些聊天软件在用户发送相关信息（如"转账"、"密码"等关键字）时会提示用户存在风险。但是，通过中奖类短信或者消息弹窗方式发出的 URL，让人难以鉴别，需要用户自己谨慎处理。另外，一些手机网络安全工具也会实时识别此类网站，并提醒用户可能是恶意网站。

业内人士建议，对于难以鉴别的 URL 链接，如果它把用户带到另一个网站，要求你登录到自己的银行或任何其他账户，千万不能轻易按其要求操作。但如果用户确实需要进行交易，最好是手动输入网址直接访问该网站。

三、恶意软件侵害手机

貌似合法的应用程序（APP），可能是源代码被恶意代码复制后的恶意软件，只不过更名为应用程序，3 分钟内就可以上传到恶意软件市场。由于 Android 平台的高度开放性，成为恶意软件最大的舞台。

有 90% 以上的 Android 用户正在运行老版本的移动操作系统，它包含了严重的内核漏洞，这使黑客可以轻松地绕过防火墙，从而可以访问手机用户的数据和资源。

如今，恶意软件不仅仅是内含扣费短信或偷偷刷流量，而且已经可以进行"自我伪装"，成为貌似正常的应用程序，让用户一不留心就下载到了手机。一般来说，安装安全浏览器、知名手机安全软件等，可以保护手机上网行为。

一种新型的恶意软件出现在谷歌的 Android Marketplace（应用商店）上，并且隐藏在合法的 APP 背后。用户会被欺骗，从而下载恶意代码，目前已知的伪装应用有 iBook、iCartoon 等。该

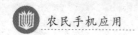

恶意代码的作用是发送 SMS 消息，在手机用户不知情的情况下订阅一些付费服务。

第二节　移动平台的风险

相比传统金融，手机理财的优势巨大，但随之而来的风险也更多。金融行业和移动互联网行业本身就是高风险行业，手机理财属于移动互联网与传统金融的融合与创新，其风险远比移动互联网和传统金融本身要大。此外，手机理财产业链中普遍存在的跨业经营，并非单纯的传统金融行业进入到金融领域，对金融风险和管控存在认识不足和能力不够的问题。本节将一一分析移动互联网平台中存在的金融风险，以及可能影响到行业稳定的因素。

一、信用风险

信用风险又称违约风险，是指交易对手未能履行约定契约中的义务而造成经济损失的风险。任何金融产品都是对信用的风险定价，其信用都得由组织、企业、个人、政府其中的一方来担保。例如，"阿里小贷"这类无须抵押的贷款模式，一旦借款人发生违约的情况，其后果要比有担保、抵押的贷款严重。

无论当前的手机理财产品如何虚拟性及技术化，其核心还是金融，它的落脚点是金融而不是移动互联网技术。由于手机理财的核心是金融，那么它所改变的是实现金融的方式而不是金融本身。因此，手机理财产品的交易同样是对信用的风险定价。

如果没有任何机构、个人对某一产品进行信用担保，那么无论是创新金融产品的企业还是投资者，都可能把其行为的收益归自己，而把其行为风险让整个社会来承担，这就使得金融市场的风险越积越高。

二、系统性风险

系统性风险是指由政治、经济及社会环境等宏观因素，造成手机理财平台破产或巨额损失，而导致的整个金融系统崩溃的风险。能够对整个手机理财平台产生影响的主要因素有以下几点：

（1）政策风险。政府的经济政策和管理措施的变化，将直接影响某一行业的发展前景，当这种影响较大时，就会引起市场整体的较大波动。如美国颁发 JOBS 法案后，股权制众筹投资开始受到人们的追捧。

（2）利率风险。这是指银行利率波动而产生的影响，假设银行存款利率高于主流的手机理财产品，那么人们会更加倾向于把资金存入银行，则手机理财平台将受到巨大打击。

（3）购买风险。由于物价的上涨，同样金额的资金，未必能买到过去同样的商品。这种物价的变化导致了资金实际购买力的不确定性，称为购买力风险，或通胀风险。当通货膨胀速率大于投资理财收益时，人们将更倾向于实物投资。

以上是金融行业中常见的系统风险，而对手机理财来说，其存在的系统风险有两大特点：一是系统性风险只对整个系统或全局的功能产生影响或者破坏，并不是对单一机构或局部；二是系统性风险具备非常强的传染性，如网贷平台的风险将蔓延到第三方支付平台。

系统风险属于互联网金融企业不可控风险，企业可以分散、控制的风险只有非系统性风险。或者说，无论企业风险怎样分散、控制，其系统性风险都是保持不变的。此外，我国金融行业发展不充分，金融业开放度不够。金融牌照严格管制、行业垄断明显、利率市场化进程缓慢、存款保险制度缺失、多层次金融监管体系尚未建立等，金融市场环境不完善给互联网金融带来了诸多的不确定性。

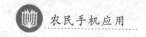

三、运营风险

许多手机理财平台的运作模式并不十分科学,主要表现在以下两个方面。

(一)风险评估流程不透明

客户风险评估流程不透明,缺乏标准化,难以从监管角度评估行业风险。另外,单个公司的风险评估不具备透明性,难以从行业发展的宏观角度对整体行业信贷风险进行有效监控和监管。

(二)企业竞争激化风险

手机理财平台主要的收入来源体现为服务费和管理费,服务费等都是以成交为前提的,且一般情况下为企业成交金额的一个固定比例。随着行业内部竞争的日益激烈,以及资本方对盈利和增长需求的加强,对利润增幅的要求也越来越高。

在缺乏行业监管,同时内部审核和风险控制流程目前都由企业内部自主决定的情况下,对风险的审慎态度将慢慢让位于对利润的追求。随着时间的推移,业务质量会逐步恶化,同时企业经营杠杆率也会逐步增加,在面临大的宏观环境变局时,整个行业面临的系统性风险也不容忽视。

四、技术性风险

手机理财平台作为一个对公众开放的网络信息系统,不但需要对银行系统、服务与内容提供商(Content Provider/Service Provider,CP/SP)开放服务接口,还需要向用户开放公众服务。这些信息包含个人账户、密码、身份等关键信息,因此会面临各种网络攻击的风险。

移动金融平台的技术性风险主要表现在以下三个方面。

(1)软件的设计存在缺陷。自互联网出现以来,"黑客"就一直存在。如果手机理财客户端没有足够的防火墙和防御体系,则比较容易被病毒或者其他不良分子攻击。此外，手机硬件还容易被人为或自然灾害等外力破坏，软件和数据信息可能会被恶意复制、篡改和毁坏。

（2）伪造交易客户身份。手机理财时代突出的特点就是信息在不断变化，移动设备的硬件和软件技术是在不断发展和变化过程中的。当不法分子盗用合法身份信息，实施诈骗或其他非法活动时，是很容易逃过移动互联网的风险管控措施的。

（3）未经授权的访问。这是指黑客和病毒程序对手机银行或第三方移动支付平台的攻击，特别是一些针对普通客户的木马程序、密码记录程序等病毒不断翻新，通过盗取用户资料而直接威胁资金的安全。

技术性风险可以认为是"正与邪的对抗"、"矛与盾的较量"，有技术的一方将取得胜利。因此，手机理财平台能否得到更优秀的技术人才，将成为该行业面临技术性风险大小的关键。

五、法律风险

手机理财是一种新的金融方式，而传统金融的法律法规难以适应这种基于移动互联网的金融形式，这势必造成较大的法律风险。

手机理财的创新太快，而监管模式和手段还比较落后。由于移动互联网发展迅速，移动互联网企业、通信运营商等非金融类企业纷纷进入金融领域搅局，传统金融产品加快了创新步伐，手机理财领域的新产品、新业态与新模式不断涌现，而我国对手机理财的监管还相当滞后。笔者认为，手机理财平台难以主动规避法律风险，只能依靠更加完善、合理的制度来控制法律风险。

第三节　手机银行诈骗短信

手机银行在给用户提供极大便利的同时，也带来其独有的风险。若用户常使用手机银行，很容易掉入一些诈骗短信的连环陷阱当中，让人防不胜防。

一、信用卡盗刷陷阱

【案例】

钱小姐喜爱用信用卡消费。她为了方便对账，开通了余额变动的短信提醒服务。某日钱小姐收到了一条信用卡被扣款的短信，但她自己并未在这些天刷过卡，她以为是自己的信用卡被盗刷了，于是匆忙之间拨了短信上的电话，也没确定电话是否属于银行。

电话接通后，对方自称是某行信用卡客服部，客服听了钱小姐的情况后对她说，可能是她的资料不小心泄露，让她听到语音提示后修改账户密码等信息。修改完密码之后，钱小姐这才恍然大悟，这肯定是诈骗电话。好在她正好在银行营业厅附近，钱小姐赶紧到营业厅将自己的信用卡冻结。

一些诈骗短信以常见的"余额提醒"的方式引诱用户拨打他们的"客服电话"，如图 8-1 所示。一旦用户拨打该电话后，很容易被这些"客服"给说得晕头转向，糊里糊涂地泄露了自己的资料。

图 8-1 余额提醒式诈骗短信

对于这样的情况，用户应该谨记一点，银行的客服电话都是固定的。如果接到其他号码打来的电话或发送的信息，或自称银行工作人员的陌生号码，一定拨打相应银行客服电话咨询，切勿轻信。我国各大银行的客服电话见表 8-1。

表 8-1 我国各大银行客服电话

银行	客服电话	银行	客服电话
招商银行	95555	中国银行	95566
交通银行	95559	农业银行	95599
建设银行	95533	工商银行	95588
中信银行	95558	广发银行	95508
民生银行	95568	光大银行	95595
浦发银行	95528	平安银行（深发银行）	95511
华夏银行	95577	兴业银行	95561
邮政储蓄	95580	花旗银行	8008301880

二、系统更新升级

孙先生收到一条尾号为 95588（工行客服电话）发来的信息，内容为工行电子密码器即将作废，通知他尽快登录短信中提示的网站，进行更新维护。孙先生并未急着去进行所谓的更新，而是问了问有工行卡的朋友是否收到这样的短信，他通过多方验证得知，此短信为诈骗短信。

此类短信以"系统更新升级"为由，通知用户登录虚假网站，从而窃取用户资金，如图 8-2 所示。

其实，类似该诈骗短信中给出的网站，细心的用户就能发现是山寨的。在此，笔者提示广大用户，登录银行的网站之前，一定要看清楚网址是否正确，我国各大银行的官方网站见表 8-2 所示。

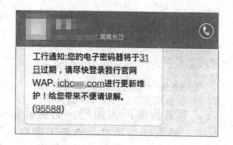

图 8-2 "系统升级"类诈骗短信

表 8-2 我国各大银行官方网站

银 行	客服电话
招商银行	http：//www. cmbchina. com/
中国银行	http：//www. boc. cn/
交通银行	http：//www. bankcomm. com
农业银行	http：//www. abchina. com/cn/
建设银行	http：//www. ccb. com/
工商银行	http：//www. icbc. com. cn/icbc/
中信银行	http：//www. ecitic. com/
广发银行	http：//www. cgbchina. com. cn/
民生银行	http：//www. cmbc. com. cn/
光大银行	http：//www. cebbank. com/
浦发银行	http：//www. spdb. com. cn/
花旗银行	http：//www. citibank. com. cn/
华夏银行	http：//www. hxb. com. cn/
兴业银行	http：//www. cib. com. cn/
邮政储蓄	http：//www. psbc. com/
平安银行	http：//bank. pingan. com/

如果用户通过 360、"百度"等浏览器输入该网址，则会提示

用户：当前页面不是银行的官方网站，此网站可能盗用或混淆其他正规网站的标识。

三、提醒用户如期还款

小吴多次收到了某银行发来的"请如期还款"的短信，这让他十分焦虑。最后经银行工作人员确认，该短信为诈骗短信。一些短信常以提示的方式诱使用户回拨电话，如图 8-3 所示。

温馨提示：今天我行已成功在您账上支取1230元，请如期还款，如有疑问请致电40□□[建设银行]

图 8-3 提醒还款类诈骗短信

对于这种短信诈骗方式，切勿轻信陌生号码发来的短信通知，更不要轻易回拨陌生电话，给不法分子进一步设下圈套的机会。客户如若无法确认短信真假，可以积极向发卡银行网点详细咨询，以确认短信的真实性。

四、骗取汇款

相信凡是使用手机的用户，都收到过这样的短信："我是房东，我换了个号码，这次的房租打到我老公卡上，卡号、名字是××"、"爸妈：我没有钱用了，快汇款支援我"。

这类直接骗取汇款的短信应该是最常见的，但往往有粗心的租客、爱子心切的家长上当。这类诈骗短信，用户一定要谨慎行事。

短信诈骗门槛低，但骗术招法有限。对普通居民而言，预防短信诈骗最重要的一点就是能识别出诈骗信息。如收到此类诈骗短信或电话，要提高警惕，不要透露任何个人信息。

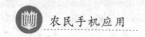

第四节　安全防护措施

移动支付是移动通信技术迅猛发展而新出现的一种支付渠道，同时因为电子银行软件登录了移动平台，银行转账等操作不用再专门跑到银行网点操作，大大便利了人们的生活，这也是人们对移动支付爱不释手的原因之一。

令人担忧的是，移动支付却面临着巨大的安全隐患，购物及支付类木马防范难度较大，同时，诈骗短信、手机丢失成为移动支付安全的严重威胁之一。二维码木马钓鱼诈骗和电子密码器升级诈骗等，则是目前针对移动支付流行的典型网络骗术。

在移动支付领域里没有绝对的安全，安全是相对的，而且到目前为止，所有简单、方便移动支付都是以牺牲安全为代价的。

一、手机和密码一定要保管好

手机理财的操作很方便，但是也存在一定的安全隐患。如果手机用户开通了手机账户，那么一定要妥善保管好手机和账户密码，一旦手机被盗且密码外泄，就会让不法分子有机可乘，趁机将账户内的资金全部取走，这会给用户的财产安全带来很大威胁。

现在有很多用户为了贪图方便，就直接将银行信息存入手机，或是将银行卡号或银行密码以文档形式储存在手机上。其实用户这样不但很容易泄露个人账户信息，而且还会引来不法分子的窥探。

另外，与传统银行柜台办理业务时需"人证合一"双重查验相比，手机支付通过姓名、卡号、身份证、手机号即可完成，一旦手机与钱包、身份证等资料一起丢失，用户的手机支付安全就将面临巨大安全隐患。

用户可通过如图 8-4 所示的方法保管手机和密码。

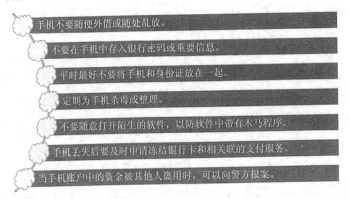

图 8-4　保管手机和密码的常用方法

二、保持良好的手机理财习惯

如今，手机对大家的帮助越来越多，除了常规的转账、查询、理财等功能外，还为用户提供购电影票和彩票、手机充值、缴纳交通罚款以及团购等诸多生活类功能。理财、生活、工作都可以轻松搞定。但很多用户也会有这样的顾虑，万一手机丢了，那手机上的账户信息就极有可能暴露了。不过，只要用户使用习惯良好，安全问题就没有必要过多担心。

(1)有些手机银行有超时退出功能，而有的没有，针对这一点，用户要特别留心。当然，不管有没有超时退出功能，手机银行或者理财 APP 使用完毕，都应立即退出。另外，用户每次使用手机银行或者理财 APP 后，记得及时清除手机内存中临时存储的账户、密码等信息，避免信息外泄。

(2)用户在开通手机银行时，一定要使用官方发布的手机银行客户端，同时确认签约绑定的是自己的手机。

(3)用户可以根据平时每天或每周的转账金额，设立合适的额度，如果只是小额支付或充话费，可以把转账金额设定少

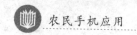

一些。

（4）手机理财类 APP 大都配有密码防护，应尽量为支付账户设置单独的、高安全级别的密码。

（5）当用户发现手机无故停机或无法使用等情况，要第一时间向运营商查询原因，以免错过理财的时期。

（6）当用户更换了手机号时，要及时将旧手机号与网银等理财账户解除绑定；如果手机丢失了，还要第一时间冻结手机理财功能，避免造成经济损失。

（7）给手机设置 PIN 密码、锁屏密码，等于在理财 APP 的外围增加了一道防护墙，万一手机丢失，得到的人也很难马上解锁手机。

（8）安装相关手机管家软件，开启手机防盗功能，当手机丢失后可以第一时间发指令清空手机数据，以免他人登录手机银行。

第五节　重视上网安全

一、在官网下载软件

在使用智能手机时，每个人的工作、爱好、兴趣不一样，因此操作系统带的工具性软件不一定满足需要，用户一般都会继续安装一些自己需要的软件，进一步完善功能。

需要特别注意的是，下载软件必须到软件官网，否则可能会被插入病毒或者垃圾软件，轻者手机运行变慢、信息被透漏；重者手机被控制、资金被偷盗。

二、不打开来历不明的链接地址

短信、微信、QQ 发来的链接地址要慎重对待，不要轻易打开，更不要在未经确认来源可靠的情况下同意安装。

三、经常更换密码

使用智能手机在淘宝、微商城开店，去淘宝、京东购买东西，向朋友支付资金、借账还账这是经常要做的事情，怎样做才能更加安全？这就需要经常更换密码。如果使用频率高，更换的频率也要快。这样能避免被别人盗用或者掉入钓鱼网站陷阱。对于苹果手机，一定要自己掌握 Apple ID 和密码，不要让销售人员代为注册、代为安装应用软件。

四、外出不用免费网络

在家里，智能手机应该使用家庭 WLAN 上网，减少移动数据网络使用，从而降低流量费用。到朋友单位，要使用有密码设置的 WLAN 上网。在外一定要使用自己的数据移动网络上网，注意不要使用没有密码的不明不白无线网络，防止他人通过网络盗取信息、银行账户等。

五、不收不明不白的红包

为了活跃微信群，现在有些人经常在群里发红包，或朋友之间互相发红包玩玩。注意，有一些不良分子会利用发红包的机会，盗取用户的信息和资金账户、密码，实施网络偷盗，千万不要在不熟悉的群里收红包，因为这个红包可能就是一个陷阱，不要贪小失大。

六、在专业官网上缴费

智能手机为我们解决了日常生活中水、电、煤气、电话、网络流量等需去排队缴费的困难。现在可以直接在手机上缴费了。注意在缴费的时候，必须上专业官网，如缴水费，上水务公司官网，打开收费窗口，输入水表账号，按照使用情况缴费。必须核对账户、使用情况后才能支付，否则可能是在替别人缴纳费用。

七、不定期使用手机杀毒软件

手机上网会带来一些插件、病毒、垃圾软件，不定期地使用杀毒软件清理垃圾软件、插件和病毒，能保证手机处在健康的运行环境中，达到安全使用的目的。

第六节　智能手机安全工具

一、360手机安全卫士

360手机安全卫士，如图8-5所示。

图8-5　360手机安全卫士

360手机安全卫士可以在Symbian、Android、iOS、WP8操作系统上运行，是全球第一款提供人性化手机体检功能的安全软件。它的手机体检报告可以让用户清晰了解手机的健康状况，并引导用户通过磁盘整理、开机自启程序管理、软件管理、垃圾清理等一系列优化工具，达到提升手机运行速度、节约电耗的功效。更有独一无二的手机急救包，及时解决手机出现的耗电猛增，自动狂发短信等紧急状况，全面保障手机安全。

功能介绍如下：

（1）杀毒。快速扫描手机中已安装的软件，发现病毒木马和恶意软件，一键操作，彻底查杀。联网云查杀确认可疑软件，获得最佳保护。

(2)体检。随时为你检查健康状况,一键快速清理。

(3)备份。备份通信录、短信、隐私记录。手机卫士设置到360云安全中心,随时恢复,方便转移数据到其他手机,手机被盗也不怕,从此拥有一个无限量的云存储空间。

(4)防盗。更换 SIM 卡,自动下发短信通知至指定手机号码。

(5)流量。统计 GPRS、3G 和 WiFi 各种流量数据,清晰展现,累积显示当月使用量。让用户完全掌控流量使用情况,防止超额使用之后产生高昂的费用。

(6)拦截。将垃圾短信和骚扰电话添加到黑名单,帮助拦截各类骚扰;垃圾信息和骚扰通话记录提供图标提醒,避免打扰;灵活设置拦截规则,可以自己量身定制防骚扰方案。

(7)软件管理。卫士推荐安全的软件产品。软件升级,为已安装软件提供检测更新,一键升级。软件卸载,对已安装软件进行卸载。安装包管理,扫描、管理手机中的安装包,并提供一键安装功能。软件搬家,根据手机权限,将软件移动到 SD 卡,可以节省手机内存。

二、手机安全卫士腾讯管家

手机安全卫士腾讯管家,如图 8-6 所示。

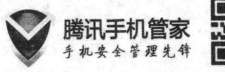

(安卓)　　　(苹果)

图 8-6　手机安全卫士腾讯管家

手机安全卫士腾讯管家可以在 Android、IOS 操作系统上运行。腾讯手机管家是一款完全免费的手机安全与管理软件,以成为"手机安全管理软件先锋"为使命，在提供病毒查杀、骚扰拦截、软件权限管理、手机防盗等安全防护的基础上，主动满足用户流量监控、空间清理、体检加速、软件管理等高端化、智能化的手机管理需求，更有"管家安全登录 QQ"、"秘拍"、"小火箭释放内存"等特色功能，让手机安全无忧。

三、联想乐安全

联想乐安全，如图 8-7 所示。

图 8-7　联想乐安全

联想乐安全可以在 IOS 操作系统上运行。

联想是国内知名网络设备制造商，同时也是一家跨国公司。乐安全就是由联想主导，自主创新的软件工程。乐安全结合联想移动设备（Phone、Pad、TV）的硬件特点，同时基于 leos 系统的软件特点，为终端用户提供完整的安全解决方案。

联想乐安全具备了"三模五防"的特点：儿童模式、访客模式、私密空间；防吸费、防偷窥、防骚扰、防病毒、防盗失。